U0160553

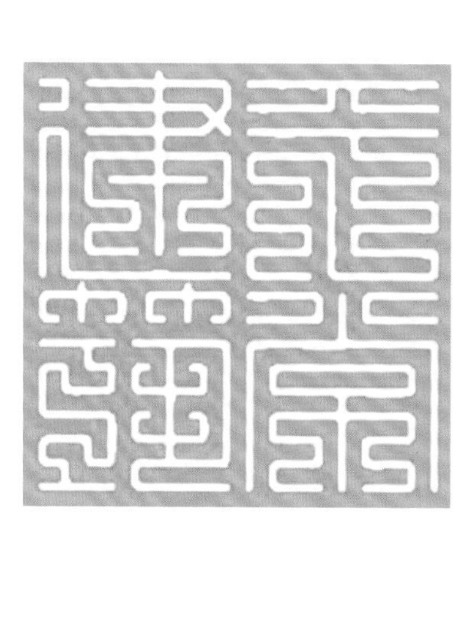

平常建筑

运斤札记/设计图档

杨筱平 著

筑道 筑道，建筑之道。道法自然，象天法地。

适以为用，宜而是然。天地人和，大道归元。

筑作 筑作，建筑之作。匠心独运，得“意”忘“形”。

拙匠营建，本之为人。造以微狭，得乎天地。

筑梦 筑梦，建筑之梦。班门之志，大匠精诚。

技艺巧工，唯实唯精。构建未来，筑梦天下。

杨筱平 Yang xiaoping

（作者肖像摄影：惠大平）

杨筱平，男，1963 年 1 月生，陕西扶风人，教授级高级工程师（正高），国家一级注册建筑师，西安市建筑设计研究院有限公司（以下简称西安市建筑设计院）资深总建筑师，国内著名的建筑设计专家和建筑技术专家，在工程勘察设计行业享有较高的声誉。1983 年至今先后在陕西省第二建筑工程公司、武汉城市建设学院（现华中科技大学）、西安市建筑设计院等单位任职，从事施工、教学、设计、管理等工作;2011 年至 2021 年任西安市建筑设计院总建筑师;2017 年至 2021 年兼任西安建工建筑设计服务集团有限公司副总经理并同时在国家和省市的相关机构和学术组织担任技术专家和学术委员，任全国注册建筑师管理委员会技术专家、中国勘察设计协会技术专家、中国建筑学会建筑师分会理事、陕西省住房城乡建设科学技术委员会勘察设计专业委员会委员、陕西省土木建筑学会建筑师分会副理事长、西安市规划委员会委员等。在设计、理论、技术等方面成果甚丰，主持设计的建筑工程项目逾百项，有 20 多项分别获全国性行业奖和省级优秀工程勘察设计一、二等奖，另有 3 项科研成果分别获陕西省土木建筑科学技术奖一、二、三等奖。在国家核心期刊、全国性学术会议上发表论文 40 余篇，涉及建筑设计、建筑美学、建筑技术、建筑评论、设计管理等主题；主持编制了 10 多项行业和地方工程建设标准；个人拥有技术发明专利和实用新型技术专利 10 多项。

杨筱平 1989 年被评为陕西省优秀毕业生，1993 年获“西安市青年突击手”荣誉称号，1995 年获全国自学成才奖，2005 年被评为陕西省首届优秀勘察设计师，2019 年获陕西省土木建筑科学技术奖优秀总工程师奖，2020 获“中国中西部地区土木建筑杰出工程师（建筑师）”荣誉称号。

序一

赵元超

全国工程勘察设计大师
中国建筑西北设计研究院有限公司总建筑师
中国建筑集团首席专家

筱平与我同庚，我们在同一座城市生活，既是同行也是朋友，相识 20 多年来，在学术交流和工作交往中建立了深厚的友谊。我们时常于参加各种学术活动见面时，关心彼此的设计项目及事业发展。他作为西安市建筑设计院的总建筑师，长期坚持在设计一线，沉浸于建筑创作和理论思考，常有独特见解。勤勉中有热爱，勤奋中有坚守，他经年如一，初心不改，令人感慨和敬佩。

和很多同时代的建筑师一样，我们有着几近相同的人生经历，都是小时候爱画画，大学时学习建筑相关专业，毕业后选择在设计单位工作，20 世纪 90 年代南下打拼，21 世纪初返回西安，在设计一线和管理岗位承担重任，继续建筑创作的同时又服务于企业，从未放弃自己的追求。我们有幸在时代的大潮中体验精彩的人生，在改革开放的历史进程中参与并助力城乡建设，在这个过程中贡献了自己的力量，也成就了自己的人生。虽然其中不乏风生水起，但也常有困惑、艰难。无论境况如何，我们都选择在平静中始终坚守，在坚守中继续行动。这一切皆缘于我们对职业的热爱和心中向上的梦想。

筱平是一个有思想、有见地的思考者。学习是终生的事情，尤其对于建筑师而言，只有不断地拓宽自己的知识面，优化自己的知识结构和开拓知识深度，才能在面临新事物、新环境、新矛盾时从容应对。筱平爱读书、善思考，对于建筑理论具有自己独到的认知，在学术方面颇有建树，数十年来发表了很多有见解、有深度、有水平的学术文论。他对建筑学的思考常常基于多维度的视野，触点独特、观点鲜明、逻辑清晰，特别是对一些建筑学议题常持有批判性思维，所给出的在中国文化语境下的应答也令人耳目一新。这反映了他本人深厚的国学功底和文人情怀。他所坚持的“平常建筑”的观念，凸显了建筑学的基本价值。

筱平是一个有情怀、有理想的建筑师。建筑设计是一个从无到有的创作过程，对建筑师的天赋、情感、智慧，甚至情商都有一定的要求。建筑师不能自以为是，也不能“功高盖主”，要在复杂的多种要素中统筹、平衡，寻求多优之解。筱平在数十年的设计实践中，体现出一名执业建筑师应有的专业素养和职业操守，虽然他主持设计的项目鲜见标志性的建筑，大多是一些普通的平常建筑，但他始终如一地认真对待每一个项目，匠心独运，巧思制宜，在平常之中洞见合情合理、合规合法的非常之功，体现出较高的设计水平。他的设计既无夸张的设计手法，也无做作的建筑造型，但总能在功能、空间、形态和环境之间达到一种平衡，寻求平实、合宜、适度、得体的表达，值得称赞。

筱平是一个有责任、有担当的管理者。一个现代设计服务企业具有大规模的设计作业系统，没有好的管理者是不能保证设计质量和建筑品质的，更不会设计出好的建筑作品。筱平长期担任西安市建筑设计院总建筑师，在一名建筑师职业生涯的黄金时期，把主要精力放在设计院设计质量和技术创新工作上，这体现了一名有责任心的建筑师的担当。通过在基层不断学习，他打下了扎实的基础，积累了丰富的设计管理经验。作为建筑师，他对建筑设计的核心要素、影响因子、协调机制都有更深刻的理解，在行业变革的新环境下，推动设计管理机制注入工程技术视角下的建构逻辑，并在建筑创作和技术创新中为创意和创优赋能，同时在实践中也取得了较好的效果，得到了同行的认同。

《平常建筑——运斤札记 / 设计图档》一书是筱平从业 40 年来对建筑设计理论和建筑设计实践的集成，从中可以窥见一个有理想、有情怀的建筑师的奋斗轨迹和心路历程，同时也为回顾改革开放 40 多年以来建筑学的发展历程提供了叙事的素材。其中筑道 / 运斤札记通过 10 篇文论阐述了他对建筑学的深入思考和对建筑学基本伦理的观点，所呈现的观念并不晦涩，才思跃然纸上，亲切可读，令人颇受启发。而筑作 / 设计图档则以图视语言展示了他在工程实践中的设计成果，虽无“高、大、上”，却见“朴、素、宜”。在这些平常建筑的设计中，他尊重业主意愿，也遵从设计原理，更遵守技术原则，以其丰富的专业经验和娴熟的设计技艺巧施意匠，其设计成果都有着比较贴切的表达，可圈可点。

以“平常建筑”为书名，是筱平的谦逊，同时也反映了他对建筑学的深入思考、深度分析和深刻理解。人们常说，平平淡淡才是真，万水千山总是情。其实就建筑本身而言，并无所谓平常和非平常之分，但是有“真”也有“情”。在城市环境中，每座建筑都有自己的定位与角色，它们共同构筑了城市，无论主角还是配角，均不可或缺。我本人历来反对对建筑进行过分的形意表达，施加更多于建筑之外的东西，我认为应关注建筑作为服务于人的生活空间的营造，同时回应在地环境的变化。我倡导在建筑设计中要重整体而淡单体，重功能而简形式，重创意而慎创新，重品质而弱风格，通过场所环境、功能空间、材料建构等多重物质形态维度的整合，使建筑既接地气，又体现有人气的本真价值。这种趋于中庸的平常性设计思维和适宜性技术策略，也正是建筑的本质。

《平常建筑——运斤札记 / 设计图档》出版之际，筱平嘱我为之写序，作为老朋友我欣然应允，以上这些算是对筱平及他的大作的简单介绍，就充以为序吧。

赵元超

2022 年 5 月于西安

序二

冯正功

全国工程勘察设计大师
中衡设计集团股份有限公司董事长、首席总建筑师

西安多才俊，西安的建筑师中也多才子，筱平总建筑师便是其中的代表之一。我与筱平总建筑师初识于 2016 年的一次学术会议，此后，我们多次就我司在西安的项目进行深入交流。他许多富有远见的建设性建议使我们深受启发。多年来，他也一直关注中衡设计集团股份有限公司的创作与发展，在相互交流中，我们认同彼此的学术观点，同时也加深了了解，增进了友谊。这些年无论是在西安还是在苏州，我们总会找机会见面聊聊，作为同道中人，亦是乐乎悠哉。

筱平总建筑师谦逊平和，热情真诚，30 多年来扎根西部，矢志不移，深耕学术研究，潜心建筑创作，对事业充满热爱，对设计精益求精，取得了突出的成绩。他长期担任西安市建筑设计院的技术总负责人，除主持工程项目外，更是把大量精力投入全院的技术管理工作中去，体现了一个企业高管的责任和担当。筱平总建筑师注重理论研究和学术交流，在建筑学术会议和专业核心期刊发表了数十篇专业论文。作为陕西省乃至全国工程勘察设计行业的技术专家，他积极参与技术标准的编制和重大工程项目、科研课题的技术评审以及全国注册建筑师的考试工作，为行业发展做出了自己应有的贡献。

建筑作为一种载体，在承载历史、人文、地域、环境等诸多要素的同时，也是对建筑设计者自身思考与实践的回应。随着时代的发展，每一名建筑师皆以独特的视角观察大千世界，并反观自身，形成各自独立的建筑思考与实践路径，进而形成当代建筑创作的多元化视野，并指导当代中国建筑设计实践。筱平总建筑师的新作《平常建筑——运斤札记 / 设计图档》作为其从业以来于工作、生活及执业经历中对建筑的理论思考与实践总结，是他基于建筑本质议题所给出的富有智慧的文心思辨。

筱平总建筑师聚焦“平常建筑”，探寻建筑的守本归元之道，这在当下存在的重形轻用、因物忘人的错位思维中显得难能可贵。在《平常建筑——运斤札记 / 设计图档》中，他以运斤札记的形式呈现了 10 篇建筑文论，通过大道至简、关注生活、因地制宜、天地人和、意象无形等多个议题对建筑的基本要素和影响因素进行深入解析，立论精准、内容充实、论述清晰，且富有中国文化语境的特色，使人获益匪浅。他所主张的回归平常的建筑理

念，强调关注平常生活、关注日常细节、关注公众利益，促进人的生活习惯和社会文化的同构和重建，以传承的态度在自然与人文的融合中实现对当代生活形态情感化的再造，使普罗大众在具有烟火气息的空间环境中获得尊严，安居乐业、乐享生活，表现出他作为一名执业建筑师应有的人文情怀。

我和筱平总建筑师同为建筑师，虽然所处的地域不同，他在西北，我在江南，但我们对建筑设计所持的理性精神和创作热情并无二致。他所坚持的“平常建筑”理念和我倡导的“延续建筑”创作的思考异曲同工，殊途同归。建筑作为一种载体，延续无形的时空概念与人文精神。筱平总建筑师发现与探索场地独特的地域、时间、人文、自然、历史、记忆等重要特征，在基于当代建筑语境与人的多重需求的基础上，将以上元素延续并创新性地应用于建筑设计之中。建筑作为一种载体，延续历史、诉说古今故事、展现地域风貌，是文化的集成、传统的积淀，也是城市的精神所在，通过建筑、历史、文化、传统、环境，故事得以延续。延续是一种态度，是对建筑所承载的时空环境与人文精神的深刻认知与尊重；延续是一种回应，是以现代建筑语境回应以上诸多元素所构成的复杂设计问题与人的内在需求。延续建筑通过有形的建筑载体，延续无形的时空环境与人文精神，并以“延续”的设计观，诠释现代建筑，当“延续建筑”被赋予现代空间、现代功能、现代理念时，“延续”的创新价值才真正得以实现。

建筑之道，大道自然。设计之法，法无定法。在建筑的诸多要素和因素中取舍与选择侧重都是建筑师自身思想的展现。百川归流，汇流入海，每一种维度的学术观念无疑都丰富了建筑师的思想智库，筱平总建筑师所著的《平常建筑——运斤札记 / 设计图档》一书，通过理论研究和设计实践相结合的形式呈现他所表达的建筑观念，必定有其应有的学术价值。

筱平总建筑师不仅是一位优秀的建筑师和管理者，他的书法作品也是别开生面、独具一格。多年前他赠予我的书法作品“中正清和”，取法传统笔意，以形书情写意，尽显意象之韵。现在想来他想表达的内容或蕴藏更深的含义，“中正清和”不仅是中国文化的核心思想，也是建筑的基本精神，所谓执中不倚、守正出奇、清新素雅、天地人和，是也。

至此，祝贺筱平总建筑师新作出版，并期他今后有更多的学术成果和设计作品问世。

冯正功

2022 年 5 月于苏州

序三

刘 谞

新疆城乡规划设计研究院有限公司董事长
新疆玉点建筑设计研究院有限公司首席总建筑师

筱平老友生活在幅员辽阔、黄绿交织、山峦起伏、天地相连的三秦大地，从事自己热爱的工作，40 年来几乎把建筑这根甘蔗从头吃到了尾，完整地甘甜了一把，这不多见。

西安，是个神圣绮丽而又厚重深沉、阳光灿烂的地方，不知何时也被算作西部地区。中国腹地的建筑亘古以来根深叶茂，在这里能看到很多优秀的建筑作品与学术文章，这些佳作既有展现地区性特色的 , 也有探索理论追求的。这座城与这里人们的劳作是分不开的，筱平便是其中之一。

20 世纪 60 年代末，我在阳平关半山腰度过了童年，之后在西安读了四年书。我与筱平老友前后脚进入建筑领域，一干就是 40 来年。这些年我们结成了很深厚的兄弟友谊，关注着对方的那些地、那些建筑。每当看到他的论文发表和作品面世，我都会反复阅读、思考和学习，或许因为距离遥远，那些有形的建筑在我心中愈发完整、高大。再就是听他带有口音的学术讲座，那坚定、执着的创作观点鲜明、落地干净……

这是一本起于建筑设计、回归自然生活的书，好在平常。

2022 年 5 月 于乌鲁木齐南山东庄

自序：回归平常

作为一名执业建筑师，多年来我一直有一个愿望：出一本建筑设计作品集。但同时我也很矛盾，该不该出？一来是自己主持设计的工程项目几乎无宏大叙事的标志性建筑，大都是一些普普通通的建筑，没有什么特色。二来是大部分设计也少有一些能够说道的亮点，加之还有不少设计仅仅止于方案，并未建成，总感觉把这些东西展现出来或有献丑之嫌，也就作罢，就这样一直犹犹豫豫到现在。想到明年初就要退休了，最终我还是决定出一本书，给自己的职业生涯做一个阶段性的总结，献拙献丑也就无太多顾忌了，权当一本纪念册吧。既然是一名普通建筑师所设计的平常建筑，那么这本书就以“平常建筑”命名吧。

无论是总结也好，是纪念册也罢，都无法表达拙著的全部意义。《平常建筑——运斤札记 / 设计图档》作为一名普通建筑师近 40 年设计实践和理论思考的图文呈现，反映了我的职业历程和从业心得，以及在社会发展和时代变迁中建筑本身和建筑师观念交互的轨迹，映射出大时代语境下建筑在社会经济大潮中的发展趋势，对窥见这一时期建筑的发展脉络或具有可供参考的价值。也正是基于这样的认知和期待，我没有简单地按作品集的形式仅以图视语言表达，而是通过筑道 / 运斤札记、筑作 / 设计图档、筑梦 / 建筑人生三部分立体化地呈现我的设计理论、设计实践和职业生涯。

筑道 / 运斤札记是我对建筑基本理论的辨析和追问，也是从业 40 年来基于建筑的多维度理论思考。10 篇以成语为题的文论付以“札记”之贴，属实不敢充以宏文，仅言为一管之见。筑作 / 设计图档是以设计视图为集的建筑实践展示，因大部分工程设计项目的实现度偏低，加之有一些设计方案未实施，均不足以表达设计的初心和意匠，也只好以图为主，聊补纸缺。因收录的工程设计项目都是些平常建筑，所以不敢称之为作品，只能归以图档。筑梦 / 建筑人生收录了我的从业经历和执业感言，并将我所获得的相关荣誉、成果以及论著索引作为附录纳入其中，实有总结之意。

就建筑而言，标志性的建筑毕竟是少数的，更多的是一些并不起眼的平常建筑，它们普通、低调甚至卑微，作为城市中的大多数，在空间图底中共同构成了城市的全域式生活图景，就如同有大树也有小草，有红花也有绿叶，它们是相互依存的共生群落。在建筑师群体里，需要有创意、有智慧的大师和巨匠，他们以高超的技艺和精湛的艺术营建著名的经典建筑，也需要一批有情怀、有担当的普通建筑师去关注那些量多面广的平常建筑，他们以工匠精神和专业经验去实现平常中的“均好”，为普通老百姓构建实实在在、平平常常、舒舒服服的人居环境和人居空间，使人们居住有其屋，上班有其所，工作有劲头，生活有乐趣，日子有滋味。

“平常”系指普通、平凡和常态。平常建筑虽然平常、平凡，甚至平淡，但也有较高的质量标准，实用、安全、美观一项都不能少。平常建筑应适应环境、适用方便、适宜居住，平常建筑应住着安心、用着顺心、看着舒心，平常建筑应实用而不奢侈、美观而不炫丽、高效而不高档。平常建筑飘着日常的“烟火气”，散着生活的人情味。这种适应、适用、适宜从本质上讲就是使建筑回归原点。平常建筑的设计不应是简单的集成或是简陋的糙作，而应是基于建筑核心理念的匠心营造，以适为则，以宜为准，以和为法，以用为的，营造为世间普通人安居乐业而服务的生活空间和日常环境，适以为用，宜以和合，素以出彩，朴以见华。

建筑，说来“平常”，其实也实“不平常”，当其衍为居住的“机器”或准艺术的城市雕塑时，一方面是由水泥、钢筋、玻璃等现代材料构筑的阴暗空间，另一方面是由形式语言塑造的图解式的繁荣图景，这种“非常”就会逐渐演化为大众的精神食粮。在市场秩序内随着商业化设计的泛滥，异化的设计理念、错位的材料语言、变态的形式表达会导致建筑失去本真，非常建筑只剩下没有生命活力的壳体，在与其核心价值观渐行渐远中也面临着失去建筑语汇和词感的尴尬境地。从这个意义上讲，回归平常不仅是对平常建筑的关注，也是对社会底层大多数人的关怀，更是使建筑贴近时代、贴近生活、贴近环境的不二选择，是回归，同时也是超越。

在这个日新月异的时代，全球化极大地推进了城市化的进程，同时也衍生了生态环境、社会公平、公共空间等诸多问题，而关乎平凡世界里平常人生存和生活质量的矛盾和困惑应引起建筑师和全社会的高度关注。回归关乎普通人的基本需求，无疑是建筑学的基本态度，建筑师要从形而上的自我表现中走出来，体现对社会各阶层的人文关怀，并通过对建筑技术理性、具体、细致、持续的坚持，促进建筑建造质量的提升。建筑设计师应遵从建筑的基本法则，准确把握自身的角色定位，真实反映技术的内在逻辑，充分考虑建筑与环境的和谐关系，力求体现地域文化和时代精神，努力提高建筑的品质和完成度，注重结果，更注重目标和过程。

回归平常，就是还建筑以本来面目，让建筑只是建筑，平常而不平淡、平实而不平庸。建筑在发展过程中，应卸掉多余的装饰，在社会环境中走进生活，在生态环境中亲近自然，在世俗环境中融入日常，归位于时、空、人构成的大千世界，回到以人为本的原点。这里所说的“以人为本”不是概念，也不是目标，更不是“人类中心主义”的错误观念，而是贯穿于建筑中的一条主线，在建筑之内也在建筑之外，贴近建筑也游离于建筑。建筑师追求的目标应是使建筑从主体的位置退让，回归平常，为人的需求和自然要素服务，在生物多样性、文化多样性的共生共享中建设人类命运共同体。

以上是一个普通建筑师对平常建筑的感言，就补作拙著正文前面的自序吧。

需要说明的是，对我而言，建筑师就是一份工作，建筑只是工作的结果，当然，其中必定掺杂着梦想和爱好。把结果记录下来并以书的形式呈现，只是为了表明有一个人作为建筑师曾经有过一段有意义的人生经历，是一种心理上的满足。

2022 年 5 月于西安

目录 CONTENTS

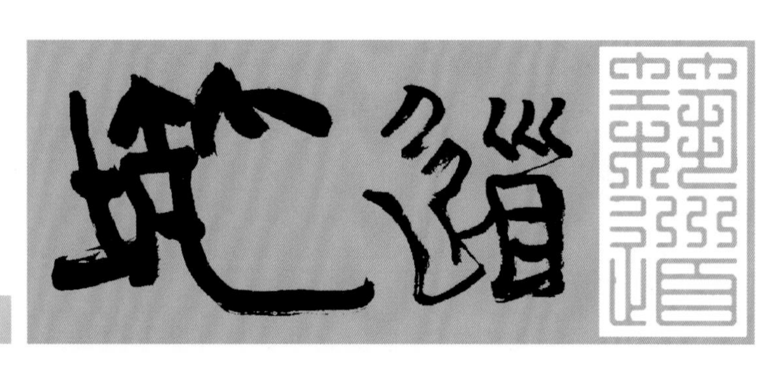

平常建筑

筑　道

运斤札记

筑道

筑道，建筑之道。道法自然，象天法地。适以为用，宜而是然。天地人和，大道归元。

大道至简

守本归元

关注生活　因地制宜

天地人和

诗意栖居

意象无形

匠心独运

意匠建构　至大无外

“筑道”一词有两种解释：一是作为名词，解为建筑之道；二是作为动词，解为探寻建筑之理，筑构建筑之道。在中国传统观念里，道是天地万物运行的根本规律，无所不在，无所不备，无形无色，无象无名。道，常道，非常道。道，非道，非非常。宇宙之起源，天地之本始，万物之根蒂，造化之枢机，一切皆关乎道。建筑作为人类文明的载体，于时、空、人的三维坐标中，在虚与实、技与艺、形与意、存在与被存在之间承载了生活中几乎全部的内容。建筑之道，有道也无道，无道确有道。

荀子谓“天有其时，地有其财，人有其治”，老子言“道法自然”。建筑置身于环境之中，以实物、空间、场地三种形式存在，三种形式互为依存，合为整体，融入的是人的生活。建筑学常被引申为人居环境学，环境—建筑—人的整体观念已成为共识，即建筑被视为环境中人的生活载体。天地人和、因地制宜、关注生活、诗意栖居，建筑当因此使然。而我们对于“自然”的理解也不应仅停留在物理性的自然层面，还应该回归“自然”二字的本意，“自”指本身，“然”指如此，合指本身如此，包含着天、地、人皆以自然为归依的原本之义，自然是宇宙的最高范畴，是宇宙本体和事物本身。建筑作为世界万事万物的重要组成部分，守本归元是为大道。

今天，人类社会已进入后工业社会的信息化时代，科学技术更趋发达，人工智能、生物工程等技术已相当成熟，如若背弃自然法则，违背生命伦理，陶醉于征服自然的胜利，必然会招致自然的报复，环境污染、气候变化、生物多样性丧失就是其带来的恶果。地球上有数以千万计的物种，唯有人类具备毁灭地球包括人自身的能力，同样人类和地球上的所有生命一样，也面临灭绝的威胁，这种威胁并非来自自然，而是由人类超越或左右自然能量的逆天行为导致的。在技术发达和环境恶化的正反两方面作用下，建筑究竟会走向何方？在因果关系的多维影响中，答案必定是大道至简。

在物本主义、蔑视自然生机主义的影响下，人本主义的极端化也会使人类的中心主义得到病态扩张，人之需求的无底线、技术发展的无止境都有可能使建筑产生变异，并促使建筑基因发生突变。面对这些问题、矛盾和困惑，建筑师在技艺层面有必要重提匠心独运的巧工思维，以意匠建构的逻辑搭建多要素关联的矩阵式设计体系，以适宜性的统筹方法以求得更好，并在建筑造型中以求意象无形。随着人、机、数据交互以及人与环境的互动，物理世界中的实境与虚像已难分清，人物之间、人机之间也是真假难辨。变化的世界使未来充满了诸多不确定性，未来建筑的发展尚无法预测，但应该是至大无外或是至小无内。

对于建筑理论的探讨，与其说是筑道，不如说是问道。问道建筑，辨方正位，建筑问道，明德至善，旨在借此激活建筑思想，解析建筑的本原价值。笔者以筑道为纲所写的 10 篇文论，题目均取自中文成语，算是在中国文化的语境下对建筑伦理所给出的应答，其同样作为笔者从业 40 年来的学术思考，虽是有感而发、以理而论，却也断不敢以论道的姿态开宗明义、学以立说，只能算是一家之言罢了。而于文论以“运斤札记”贴之，一来是“运斤”二字既通匠意又贴合笔者的书房“运斤堂”的别称，二来是冠以札记代表仅为笔者的心得体会。至于凑成 10 篇以结，实在是在乎 10 的构成——1 和 0 的寓意，以图圆满，并念以 1 和 0 作为数理中的最基本单位对万事万物无限、无穷尽的衍化……

问道、论道、筑道，大道平常，大道非常，自然而然。

▶ **筑道** / 运斤札记

大道至简

所谓“大道”即事物的基本原理和内在规律。老子在《道德经》中有言：“万物之始，大道至简，衍化至繁。”宋代朱熹也说“为学之道，至简至易”，所谓“妙言至径”“大道至简”，本同一理。万物有道，万事有法，道达天真，法通物理。在天、地、人的世界中，对事物本质的探究，应是透过现象看本质，剖离表层见核心，见天、见地、见自己，提纲挈领，至简至真。正如郑板桥所言“删繁就简三秋树，领异标新二月花”是也。

“大道至简”之“简”，从本体论上理解是构成事物的基本，从价值观上理解是对待事物的态度，从方法论上理解是实现目标的行动。从某种程度上讲，简通“俭”，亦通“减”，单而至简，约而从俭，少而以减。这或算是对“简”所表达的意思的延伸。

简约主义的文化思潮源于 20 世纪初期的西方现代主义。现代主义建筑的先驱阿道夫·路斯 (Adolf Loos) 认为装饰即罪恶，主张建筑以实用和舒适为主，反对建筑依靠装饰，而应以形体自身之美为美。同样，作为现代主义建筑大师的路德维希·密斯·凡·德·罗 (Ludwig Mies Van der Rohe) 也提出了“少即是多”的设计思想，这种设计思路被认为是简约设计的基本原则，影响深远。到了 20 世纪 90 年代，随着“以人为本”“回归自然”等新思想、新观念的出现，“简约主义”作为一种设计风格在世界舞台上成为主流。这种风格因符合当时的文化环境，被广泛地应用于建筑、绘画、服装、设计、音乐、文学等生活中的各个方面。

实际上，中西方文化中都蕴含有简约的思想观念。老子所说的“少则得，多则惑。是以圣人抱一为天下式”，即对待事物要有宏观意识并注重其内在的共性规律，逐级本质，将纷繁的事物通过概括、总结，提取核心要素，舍弃不必要的细节，否则就会惑然不知所措。而“无为而无不为”，则是遵循事物的客观规律，无主观任意之为，这里的“无为”是相对于“有为”而言的，“无为”中也蕴含“有为”即“无不为”的意思。然而，在“无为”中，所看到的“有为”的意义，即通过抽象、简化、整合、提炼，达到“无中生有”的效果。同样简约主义设计风格中所蕴含的沉静、质朴的意象与中国文化中“得‘意’忘‘形’”的审美思想高度契合。

建筑作为以物质材料为基础、以营造技术为手段、以满足生活需要为目的空间建构和环境再造的产物，具有功能形态和组织状态，不但塑造了物理形态，搭建了使用空间，同时也赋予了形象审美，决定了使用性能，影响了环境质量。这就要求建筑师以人性化的态度真正关注人的使用需求和精神需求，使人有更多的获得感。一方面，建筑师应从建筑本质出发统筹处理地域、环境、空间、功能、形式、技术等一系列问题，在综合平衡中以求相对最优和统合多优，相对于技术而言更加注重通过建筑本身有效的空间组织、合理的体形设计以及适宜的构造设计，以空间本身的形态和组织状态来实现对室内外环境的性能调节。另一方面，建筑师在物化的建筑层面注重材料和构造的本质性表达，充分考虑低碳、节能、环保的要求，运用可持续发展的技术策略实现建筑全寿命周期内功能的可塑性、可调节性的高效使用目标。此为建筑之大道，大道至简。

从宏观上讲，建筑不只是建筑本身，还是一个大的复合系统。建筑要融合环境、走进城市、深入生活。建筑应有生命的意义，要有成长的骨骼和生态的脉络，并融入城市肌理，师法自然、延循文脉、因地制宜、有机生长。我们应以生态城市和绿色建筑为目标，寻求地域差异性、气候适应性、人居和谐性所应有的一体化、复合化和多样化发展模式，从而实现生态友好型城市的可持续发展，逐步解决城市功能单一、土地资源浪费、公共空间缺乏、交通结构紊乱、生态环境恶化等城市综合征问题。城市规划、城市设计和建筑设计应将环境、城市、建筑作为一个整体，立足系统平衡，整合多维度要素，筛选优良基因，运用适宜技术，创造舒适、高效、健康、和谐、优美的城市空间环境。这就要求在面对多因素的复杂矛盾和问题时，必须举纲张目、逐本舍末、去粗取精、化简至繁。

建筑之道，大道至简。“简”既指思想观念上的简约、内在规律中的简明、技术策略方面的简要，也包含形式表现的简洁、功能动线的简捷以及空间组织的简晰等，用“简”的思维、“简”的原则、“简”的手段、“简”的目标，充分挖掘建筑的基本诉求、核心价值和深层逻辑，以无生有，以少胜多，以简化繁。

建筑之“简”，化繁至简，即要准确把握建筑的基本要求，系统探究建筑的内在规律，统筹整合建筑的核心要素，去伪存真，去粗取精，守本和宜。在响应地域气候条件、融入在地建设环境、尊重本土文化传统的前提下，建筑师应坚持以人为本的设计法则，对功能布局的合理性、活动流线的合适性、资源配置的合宜性等方面协同考虑，创造安全、实用、亲和、绿色的室内外建筑空间，满足人生产、生活的需要。同时从建筑全生命周期角度出发，不断提高建筑的适应性；通过增加空间的灵活性，提高功能变化的可塑性，通过优化建筑的结构体系，提高内部空间组织的可变性，通过优化设备的管线系统，实现平面灵活分隔、设备方便维护、隔墙容易拆装，以及家具方便维修、更新等，从而满足不同使用需求，以适应未来空间的改造和功能布局的变化。这些多样性和适应性的技术策略都是以“集成以合、合宜以配、配置以简”为原则的。

建筑之“俭”，节约从俭，即树立绿色、生态的价值观，推行低碳的生活方式，倡导健康的行为模式，形成社会经济发展、生态环境保护、人民生活幸福等多方共赢的局面。在场域环境营造中整合生态资源、顺应地形，因地制宜，顺势而为；在建筑功能使用中引导低碳生活方式，提高人文关怀指数；在建筑施工建造中革新建造方式，延长建筑寿命；在建筑运营维护中减少能源资源消耗，减少温室气体排放；在全面关注节能、节地、节水、节材和环境保护的同时，建立对光、风、水、土、材料的循环利用机制，并注重降低建筑建造、运行、改造、拆解各阶段的资源环境负荷，通过全过程的统筹管理，实现从策划到设计、从建造到运营、从维护到回收的建筑全生命周期的绿色低碳循环。而低碳生活作为低能量、低消耗的生活方式，则代表着更健康、更自然、更安全、更环保、更节俭，是一种淳朴、轻松、俭约的生活方式，此应成为主流的生活方式。

建筑之“减”，减以至简，即解析建筑的内在规律，厘清设计的复杂因素，去除外在的多余装饰，从而还原建筑的本来面目；反对为形式而造形、为装饰而装修，反对技术累牍、材料堆砌；强调建筑形式追随使用功能、顺应空间要求、反映建构逻辑。建筑形态应由内部功能经空间组织由内而外自然生成，剖面形态应与平面功能相适应。结构本体作为建筑形态的重要组成部分，应与空间关系及建筑围护界面协同整合并进行直接表达，不做刻意装饰，反映材料本色，显现结构之美。一方面，建筑构造应巧工开物、精工细作，既体现技艺又表现审美，既能为功能构件赋予装饰效果，又能满足技术要求。另一方面，建筑构造还要承合“无为而为”“大象无形”“得‘意’忘‘形’”的文化理念和美学思想，追求简约、素朴、亲和的建筑风格，以少寓多，以素蕴玄，以神写形，表现出清雅之美。上述这些无论是内在的精简，还是外在的约减，实则都是减以至简。

“科学应用最少的公理来解释最多的现象”是西方科学中对“简”的诠释，“不难为繁，难于用简”是东方美学中对“简”的阐述，万事万物皆通于“简”。建筑作为技术、艺术、人文的共同载体，“大道至简”应是其最基本的建造法则。建筑师要以开放的理念、轻量化的策略、长寿化的目标实现协同共享、绿色生态、低碳健康，为建筑赋予生命，让生活充满阳光，同时追求建筑的高品质、适应性以及长久性，并从环境到建筑、从形态到细部、从技术到构造体现建筑的整体美以及自身的结构美、工艺美和材料美，传播一种朴素的健康美。这既是建筑的至简之道，也是建筑的美学追求。

▶ 筑道 / 运斤札记

守本归元

金文中的“本”在“木”的下部加一指示符号，标明树根的位置所在，本义指树根，又指草木的茎、干；比喻根本的、重要的事物，跟“末”相对；又引申为主体、原来、本来、原始等意义。

甲骨文中的“元”形像头部突出的侧立的人形，本义即人头。头位居人体最高处，而且功能非常重要，因此引申表示首要的、第一的；也用来表示天地万物的本源，含有根本、源头的意思。

“守本归元”是“返本还原”一词的另一种表达，此“元”通“原”。“返本还原”出自元代诗人刘志渊的《江神子令》：“返本还原真体现，魂魄聚，净无阴”，是指恢复根本、本原的状态，回归事物的起始基点和源头。

相对于西方文化中的理性精神和解析性思维，在中国古代先哲眼里，世界本就是一个密不可分的整体，“有物混成，先天地生”，由“道生一，一生二，二生三，三生万物”，到最后万物归于“道”，老子在《道德经》里就是用这样一种整体性思维来认知世界的。先哲认为世间万象分为“道、法、术”三个层面，要从根本上解决问题，需要先在“道”的层面上逐本溯元，守本归元应是基于根本性求解所持的基本态度。

建筑的本质是什么？建筑设计的“元点”又是什么？这些作为建筑领域永恒的话题，答案因人而异、因事而异、因时而异，各有不一，并无标准。本原建筑、本土建筑是当代建筑大师孟建民院士和崔愷院士分别倡导的。本原建筑着眼于建筑本身，触其本质的观念论述，是宏大主题，关注原点，属事物本体论。本土建筑则依托国家、民族、文化的设计叙事，是具体议题，注重支点，属社会文化论。这两种观点一种强调建筑性，一种强调文化性，属建筑特征属性和关系属性的一体两面，和而不同。

就建筑而言，无论是经典的“坚固、实用、美观”三要素，还是过去的“实用、经济、美观”三原则，乃至当下的“适用、经济、绿色、美观”八字方针，或都无法包揽环境、生态、技术、文化等影响因素以及功能、空间、流线、形态等构成要素，其均不遵循单向的逻辑关系，或不能简单地进行轻重排序和加权量化。它们都是对建筑之“本”、建筑之“元”基于原点和支点的多向度表述，并应视为是由一个个关键节点所构成的立体多维、网状交联的整体，是建筑本体多元论的向量。

建筑作为环境的再造物，不只是物质的实体，也是生活的载体。建筑与人共同建构的生命感情关系有着社会生活和文化意义的内涵，从而使其超越了物质属性而具有审美特质。删繁就简，逐根舍末，见本见真。审视建筑的基本特征，在“道”的层面，是建筑本体的真、善、美，在“法”的层面，是建筑设计的信、达、雅，在“术”的层面，是建筑营造的适用、经济、绿色、美观。这些聚焦于建筑本元的核心观念、原则方针、基本目标，都是汇集于人的，因此以人为本才是建筑的本中之本。

人是建筑的建造者，同时也是建筑的使用者，建筑作为生活中具有生命力的活体构成单元，应回归生活载体的本原。纵观建筑发展史，人一直都是建筑的主角，“以人为本”从来都是建筑最基本的诉求和最重要的导向，它的核心思想就是从功能、空间、形态等诸多方面体现对人的关怀，对生活的关注，对环境的关切；注重本体，回归本原，内现本质，外显本色。

所谓“本体”就是要重点关注建筑的基本要素，立足于时间、空间、人文等多个维度，统筹解决建筑的功能、空间、形式等基本问题，实现实用、安全、高效、经济、绿色的目标；在使用、建造、运营等各个方面体现出合情、合理、合规、合宜和高效，并使建筑在全生命周期内发挥出其应有的经济效益、社会效益和环境效益。

所谓“本原”就是要逐本舍末，回归建筑“以人为本”的本原，构建健康、和谐、宜人的人居环境，创造有利于人身心健康的优质的环境空间，并通过对“健康”进行系统化的梳理，对各个层面剖析、延伸和拓展，更加关注人的需求，关注使用细节，从而使建筑更好地服务于人。这也许就是本土建筑的原点。

所谓“本质”就是要突破形式的禁锢，追求建筑内在生成的品质，这种品质既来自功能的适用性、技术的合理性、环境的适应性等方面，还包含了精神层面上的人文要素，大到风土人情、民风民俗，小到心理需求和人体工学，一切从人的角度出发，处处体现对人的关怀，真正实现让建筑回归生活。

所谓“本色”就是要突显建筑自身的外在气质从文化、精神、价值等多个方面使建筑回归其作为生活载体的本质，使建筑成为一个具有本土基因的生命活体。任何过度的装修和粉饰，都会使其走上形式主义、虚无主义的歧途，进而成为材料堆砌的工具和自我表现的戏码。建筑本色的塑造既是对空间情境的再造，也是对物我同境的实现。

建筑之“道”，真、善、美。“真”是理性的追求，“善”是道德的表达，“美”是审美的呈现，体现出高效、健康与人文的特性。高效见“真”，健康从“善”，人文显“美”。做“善意”的设计，使建筑真正体现出为人服务的人文关怀和人文情怀，这或就是建筑的本元价值和终极目标。

建筑之“法”，信、达、雅。“信”是指不悖原本，“达”是指结构畅达，“雅”是指表现出彩，如同佛学中“性”“相”“用”的观点，以“信”显性，以“达”为用，以“雅”生相。建筑之法即返本还原，通情达理，雅而有彩，在建筑设计中坚持守本归元的初心，站稳人文关怀的立场，把握建筑要素的平衡。

建筑之“纲”，纲举目张。适用、经济、绿色、美观，是为建筑之大纲，其作为建筑的导引方向、建设目标和基本要领，是建筑无法取舍、不可或缺的不二选择。建筑师要以求真务实、从善如流、敬人和美的态度，以“环境·建筑·人”的大视野进行建筑设计，实现从满足特定功能需求到实现人文、资源、环境协同共生的超越。

适用、经济、绿色、美观，作为新时期的建筑方针，反映了人、建筑、自然和谐平衡的永续发展观，体现了当今社会、经济、政治、生态、文化的价值诉求。适用是需求，经济是基础，绿色是追求，美观是特色，其四位一体，有机交联，协同作用，整体显现。这源于建筑本元属性的基本要求，也是刚性要求。

适用是指要在保证质量和安全的基础上，满足使用功能。质量和安全既包括建筑在使用期内主体结构的安全性和抵御灾害的能力，又包括建筑在使用中不对人的健康等方面产生不良影响。满足使用功能即要结合实际充分考虑自然环境、气候条件、社会经济、风土习俗等因素，提供恰当的使用面积、合理的功能布局、必需的设备设施、较好的物理环境等，以满足人类生活的功能需求、心理需求、生理需求及舒适需求。

经济是指综合考量建筑的社会、经济、环境等综合效益。一方面，建筑师要合理确定标准，反对过度装饰，节约建造成本，减少运维费用，创造后续价值；提高城市公共空间品质，增强基础设施的耐久性，延展城市的发展韧性；积极应用新理念、新材料、新体系、新技术，延长建筑的使用寿命。另一方面，建筑师要有前瞻性，在功能变化方面赋予建筑较强的适应性，使建筑具有长久的使用价值。

绿色是指在建筑全寿命周期内，最大限度地降低能源消耗、保护环境、减少污染。从建筑选址、立项、规划、设计开始，至计量备料、实施建设、使用运行、维修改造及拆除回收等全过程都要有节能环保的自觉意识，运用先进的设计理念和设计方法、适宜的建筑材料和建造技术建设与自然和谐共生的绿色、生态、节能建筑，并倡导低碳生活，实现人、建筑、环境的协调共生。

美观是指建筑能让人产生美的享受，满足人们的审美情趣在社会发展、技术进步中不断提出的新要求。建筑之美观既包括自身的形式美，又包括与环境相融的和谐美，与自然共生的生态美，与城市统一的特色美。建筑之美要传承历史文脉，体现地域文化，反映民族风情，突出时代精神，体现人文关怀；避免具象的表达，摒弃夸张的造型，不逐奢靡的潮流，不求怪异的形态。

建筑既承载着历史，也承载着文化；建筑既承载着追求文明进步的远大理想，也承载着幸福生活的美好愿景。建筑和气候、经济、政治、人文、社会等无不相关，其核心是以人为本，重点是使人、资源、环境之间达到平衡，目标是实现节能环保、适用高效、健康和谐。回归人性关怀，让人类幸福生活，让鸟儿自由飞翔，让植物恣意生长，万物都应在环境中找到自己的“家园”，此为本元。

筑道 / 运斤札记

关注生活

“生活”一词常常会与诸如生命、生存、生计、生产、生息、幸福等词汇相关联，广义上生活是比生存层面更高的一种状态，是指人在生命的各个阶段 (生成、生存、发展与消亡) 所从事的各种活动，包括学习、工作、休闲、社交、娱乐等日常生活行为。

无论是平常生活中的常态还是非常态，都是生活中的真实状态。普通民众的日常生活中，留在城市、建筑和生活空间各个角落的身影，便是时代语境下一幅幅呈现市井生活的“清明上河图”。2020 年初暴发的新型冠状病毒肺炎疫情（简称疫情），在两年后的今天依然存在着不确定性，唯一确定的是生活还需继续。疫情中的一份份“流调报告”，展现了普通人日常的生活。跑车的滴滴司机、出差的蓝领工人、下岗的保洁大嫂、打工的中年爸爸、带娃的年轻妈妈……他们用足迹记录了真实的生活。

生活中的普通人，在那些奋力的轨迹、单调的工作、重复的劳动中，表现出爱、责任和担当。虽然疫情打乱了生活的节奏，但却无法改变生活的全部。时间无法倒转，生活还得继续，日常依然丰富。在时间的维度上，历史正在流淌、奔腾，冲刷、淘荡出新的河床，镌刻出新的走向，描绘出新的生活蓝图。“非常”就像一面镜子折射出“平常”背后的阴影，城市、建筑除了应满足社会的发展需求，还应聚焦平民百姓的日常生活。关注城市环境、公共空间、基础设施、服务配套、社区完善、永续发展这些关系民生、关乎生活的议题，不是选择题 , 而是必答题。“人民对美好生活的向往，就是我们的奋斗目标。”

城市是人们共同的家园，建筑与人的生活息息相关。城市、建筑不仅要立足于环境，还要立足日常、关注生活。建筑一旦脱离了生活，就会迷失，从而成为资本的工具和自我表演的戏码。城市为人服务，建筑以人为本，不是空洞的口号，建筑师要从大处着眼、从小处着手，付诸行动，关注弱势群体，关注日常细节、衣食住行、公众利益，并促进人们的生活习惯和社会文化的同构和重建，为众人提供保障，为生活提供便利，使普通民众在人间烟火中得到满足，安居乐业，乐享生活。

城市、建筑作为生活的载体，承载着“平常”，也承载着“非常”，更承载着普通人的向往。若要使建筑面向生活、回归人本，建筑师就要从人类学的知识体系出发，以“人的需求”为出发点，探索建筑学中人文关怀的本原要义。从属性来说，可按生理特征、经济条件、政治信仰、社团归属、宗教信仰、教育背景、职业地位、修养爱好等对人进行分类；从行为来说，人对基本的衣食住行则有不同的空间需求，如住宿、集会、社交、游玩等都需要不同类型、尺度的建筑来容纳，据此，通过分析、归纳和总结，建筑师可提出相应的技术策略。

关注生活应立足城市。友好型城市应该是一个为公众生活提供公共服务的城市，让大家可以有尊严地聚在一起。这种尊严不只是资源和空间上的，还包括人格上的，如让打工者舒舒服服地洗个澡，让旅游者轻轻松松地上个厕所，如此基础的事情都做不到，就谈不上什么友好型。生活的范围不应仅限于在家中，更多是在城市空间中，让每一个个体都能在其中找到属于自己的天地，同时找到他自己，这就是城市给予公众的尊严，也是建筑的人格化体现。因此，增加城市发展韧性、提高城市治理能力、完善社区配套功能、提升城市服务水平，应通过具体行动落地实施。

关注生活应面向未来。随着社会、经济、技术的快速发展，城市的发展水平得到了提升，人的生活维度得到了拓宽。从信息层面看，这是一个全民共享的时代，信息的高度融合促进了全民共享，也使人们的生活理念悄然发生了改变。技术驱动创新已成为新的发展趋势，人工智能、图像识别、3D（三维）打印、增材制造，可以使建筑更加经济、环保、可持续。而 AI(人工智能) 技术的发展、超级交通工具的实现等，都会导致人类的生活和城市发生革命性改变。就大趋势而言，技术的迭代会带来生活方式的改变、生活质量的提高和生活节奏的加快，但依然代替不了人的精神层面的感知。

关注生活应融入环境。过度的消费、奢华的生活、无穷的欲望，这些无节制的生活观念和行为对自然环境和社会环境所造成的破坏已产生不可逆转的严重后果，保护城市环境、改善自然生态、体现人文关怀应成为集体共识。要把对建筑的视野从建筑本身扩展到城市乃至整个大环境，要将价值取向从节约能源、保护环境、减少污染拓展到关怀弱势群体以及追求生活感情的人文范畴，树立谦和、朴素的生活观念，倡导简约、低碳的生活方式，建构自然、舒适的人性化、个性化、情感化的健康生活环境。

建筑设计对生活的关注，要求建筑师对所有人群一视同仁，公平、客观地面对所有阶层，为所有人提供专业的服务。因为人的属性是可以改变的，行为方式也是相通的，建筑师不仅要从专业角度关注人们的生活，还应积极推动建立一套为多数人服务的机制，在满足普通人的实际生活需求的基础上进行规划与决策，让建筑设计切实回到现实的土壤中。

建筑设计对生活的关注，要求建筑师要懂得建筑应以适度为美。建筑师应将建筑物的形式美与功用的合理性巧妙结合，而不是“唯美轻用，因物忘人”之随意发挥。本原是对功能的重新要求，是对人的自然属性的重新认识，同时也包括美学上的回归。对“贪大求洋”的审美风气，建筑师可以通过合理的设计，告诉人们“小而精”是美、“物尽其用”也是美。

建筑设计对生活的关注，要求建筑师要对物质和精神文明发展水平有客观的认识。在人们日常生活中，一些基本问题得到解决的同时，新的问题也随之出现，如资源浪费、环境污染，或者为了追求“高、大、上”而牺牲对人们生活品质的关注。建筑师要从粗放式的模仿中走出来，从文化中汲取养分，探讨人的生活习惯和文明的发展水平，以促进建筑在现代化进程中的重生。

建筑设计对生活的关注，要求建筑师要协调好个体生活和群体生活的关系，解决好使用人群在建筑中的活动频率和使用强度不均匀的问题。建筑师要妥善处理驱动建设行为的两种目的性之间的关系，应在满足业主目的的同时，充分考虑经济效益、社会效益、环境效益之间的平衡，并考虑人的基本需求，不求最好，只取多优。

建筑不只是遮风挡雨的居所，还是寄托情感的温馨家园，在日常的烟火熏染中被涂抹上岁月的痕迹，是情感记忆和生活形态的寄托，是一种延伸和传承，以及在自然与人文的融合中对当代生活情感化的再造，从而实现物我同境的超越。当我们和自然、与时间有个约会，在紧张的生活中能够放松心情，“偷得浮生半日闲”，在浮躁的环境中静下心来获得心灵的自在；当我们能够一觉睡到自然醒，把和润春风、沐浴暖阳、午后红茶变成日常；当我们的生活中天天蓝天白云，处处鸟语花香……我们真正回到了生活的本质，而这种生活也恰是生命的价值的体现，让生活有意义，让生命有价值就是最大的幸福。

让城市充满阳光，让街道人群熙攘，让建筑烟火气旺。
让生活的质感，从建筑开始，回归生活日常。
用温润的笔触，描摹城市街景，书写人生沧桑。
从时间、空间、建筑，再到“李赵张王”，关注生活，回归日常，皆为质变城市的理想……

筑道 / 运斤札记

因地制宜

汉代赵晔在《吴越春秋·阖闾内传》中有言："夫筑城郭，立仓库，因地制宜……"其中"因地制宜"是指根据各地的具体情况，制定适宜的办法，这无疑也是城市规划和建筑营造所要遵循的基本原则。因地制宜中的"地"既有地理学上的意义，又是地域文化和历史传统的延伸，而"宜"不仅指适宜，还包括适度。也就是说，无论城市还是建筑，都要根据其所处的环境条件、地域文化、风土习俗，选择适合地域乃至场地特点的营造策略和建筑技术，并充分考虑基于地域性的社会、经济、环境的影响。因地制宜作为一种设计理念，不是用一种恒定的法则和统一的标准简单而又机械地解决城市和建筑中存在的问题，而是运用统筹协同的技术手段，以求真务实的态度并充分兼顾地域、文化、气候、地理环境的差异性，寻求适宜、适度、适用的解决方案。

"因地制宜"一词中，"因"是依据，"地"是主体，"制"是手段，"宜"是目标。在建筑学的语境中，"地"包含了地域、地方、地点三个不同层次的含义，同时也存在物化的"地"和文化的"场"的虚实双面。"地"既是承载建筑的物理基础，同时也是风土场域，所谓"此时、此地"和"随时、随地"，都无不说明基于场地的建筑会受多要素的影响。与"因地制宜"意思相近的还有"因时制宜"和"因人制宜"，这些或就是一种基于时、空、人的全方位的诠释，而建筑的地域性形成至少也存在自然维度、时间维度、人文维度和技艺维度等多方面的因素。

从自然维度看，地域环境中的风、光、水、地等自然元素对建筑的形态、朝向、构造、立面等都有重要的影响。在不断适应自然的过程中，人对自然元素形成了独特的认知，并广泛运用在建筑中，使建筑环境与自然环境浑然天成。风带动空气流通促进内外循环，光与建筑有着密不可分的关联，雨雪霜露无一不是水的表现，地域自然环境的差异性使建筑从内容到形式都体现出各不相同的特征、和而不同的特色。建筑锚固在场地的自然环境中，就地取材、因地制宜，建筑的形态布局、空间组织、材料构造等都需要回应地形、地貌、地势以及各种环境因子，以宜制之。

从时间维度看，岁月的流逝延续了建筑的生命与灵性，而建筑也随着历史的发展、时代的进步，于时间坐标中不断更新、演进。由于需求、条件和技术都会因时而变，建筑会被刻上时光的印迹，在不同的时代呈现不同的表达，并在透析历史积淀的基础上直面现实问题。时间维度于建筑而言，往往是靠文化的发展推动其有序更新的，无论主动或被动，都内外兼并、共同作用。在时间的见证下，随着新观念、新技术、新材料对建筑赋能的增加，建筑必须面向未来，以尊重环境，延循历史文脉，完成新旧更替；在实现今昔过渡中，保留精髓并糅合时代的精神和技术，为今所用。

从人文维度看，文化、艺术、民俗、宗教、社会、历史等人文因素对建筑产生显性或隐性的影响，使之经历文化的滋润后，被赋予了独特的气质和内涵。传统文化、风土民俗、社会历史、宗教信仰等人文因素通过建筑传情达意，增强了建筑内在的生命力和外在的感染力，提高和增进了人们对生活的积极性和对地域文化的深厚情感。不同的地域文化赋予了建筑不同的表情，从中可以感受到建筑的温度，使建筑温暖人心并成为一种审美艺术。建筑师对于文化的态度，应避免形式化的物化膜拜，要深刻理解和把握地域文化的内涵，将传统智慧与现代科技相结合，为创新发展寻求支点。

从技艺维度看，建筑的物理形态要以建筑材料为载体，通过技术逻辑建构来实现，在建筑的营造实施中，既要保持符合材料力学性能的技术逻辑，又要体现艺术美学法则特征。技艺作为建构的手段，其本质是将功能、空间、形态、材料、结构等通过技术工艺进行有机整合，并依据就地取材、经济实用、构造简单、技术适宜等基本原则，使得每一种材料、每一个构件、每一处细节都能传递出地域特色。而地理环境的差异也形成了不同地方建筑独特的取材、用材方式。建筑师对本地材料的认识应超越其物质层面，探究材料在质地、肌理、色彩甚至气味中深藏的与本地生活水乳交融的情感元素和构造手法。

“此地”建筑，“在地”营造，“因地”制宜，“地”的概念从来都不仅仅是表达地理，还包括文化遗产和时代语境。建筑的因地制宜，不仅在“因”更在于“应”，是应因场地的随形就势，通过顺应地形地貌、因借环境景观、还原场地要素而自然生成的；是应因地域的文化传统，通过承合历史文脉、尊重民风习俗、演绎场所精神而和而不同的；

是应因时代的发展变化，通过契合创新理念、融合现代科技、应用新型材料而不断进步的；是应因地方的工艺传承，通过整合传统技艺、革新本土工艺、改善地材性能而应合现时的。总之，建筑的因地制宜应是因地而生、因场而和、因时而变的，是统筹而为之的。

因地制宜，重在适宜，贵在适度。其中适宜性包括环境适宜性、生态适宜性、技术适宜性和材料适宜性等，而适度则体现在造型表现的适度、资源利用的适度、建设标准的适度和技术参数的适度等多个方面。在当下倡导永续发展、文化多元、技术赋能的背景下，建筑应充分考虑当地的经济、技术和资源等因素，兼顾地区的差异性所带来的社会、经济发展的不平衡，因“事”制宜，对全球气候变暖、生物多样性破坏所产生的问题和减碳达标的目标任务做出专业性的回应；从本土的视角将高新技术与地方实情相结合，同时实现传统技艺的现代化更新和现代技术的地域化发展的双赢。

基于适宜的原则，建筑营造要充分把握技术进步带来的新变化、新模式和新要求，同时还要积极应对生活中出现的新困惑、新问题和新难题，直面场与地、人与物、时与空、技与艺之间的矛盾，以合宜的态度、适度的标准寻求适应性的答案。一方面，建筑师要注重技术发展与自然生态的协调，注重技术发展与地域基质的结合，注重技术发展与文化传统的融合，注重技术发展与经济社会的协同；另一方面，建筑师要积极维护自然生态平衡，不断提高资源利用率，持续加强节能减排力度，同时还要增强文化自信，提高幸福指数，延展城市韧性，倡导健康生活，提升服务水平，建设和谐社会。和谐是适宜的最直接表达。

基于适度的原则，因地制宜应作为建筑设计的基本准则，建筑应有素简、亲和的姿态和约取的态度，建筑不应是形式的壳体，不应是材料的堆砌，不应是炫耀的秀场，不应也不能仅依赖于高新技术的集成、豪华装饰的加持来实现。建筑设计应以适用、安全、高效、健康为基本目标，最大限度地利用资源、提高效率、节约能源、保护环境、减少碳排放量，并从传统和地方的建造技艺中汲取经验，以合宜、适度的观念约取简行，营造低碳、健康宜人的人居环境，实现建筑与物理环境的有机结合、建筑与地域文化的协同发展、建筑与人文环境的和谐共生通过本土技术、传统技术、适宜技术和高新技术联动协同发挥建筑应有的作用。

建在地，人在场。环境是建筑的立足地，建筑又是环境的一部分，二者相互影响，共享共生。以因地制宜的观念审视绿色建筑，是最朴素的价值导向和最基本的设计策略。置身于场地环境中，建筑师应结合所处环境的特征，从如何适应环境、如何利用环境、如何共享环境等方面去考量，以减少对环境的负面影响；重视地域差别所带来的环境多样性和气候差异性，寻求建筑与自然环境相适应、相协调的统筹方案；同时尊重在地域文化影响下形成的场所文脉，使其中蕴含的朴素生态观在建筑中得以延续，以理性的逻辑、科学的方法、人文的理念制定合宜合适、合情合理的建筑策略和技术路线，推动实施，落地生根。

当今世界，全球化和本土化相互影响，交缠而行。建筑文化的发展和进步既包含前者向后者的转化，也包含后者对前者的吸收与融合，这二者既对立又统一，相互补充，共同发展。不可否认，优秀的地域性建筑文化在适应当地气候、维护生态环境平衡、体现可持续发展战略等方面均有自身的优势，同时又以强大的聚合力对环境、文化、生态、技术、观念等展现出开放性与包容性。在“环境·建筑·人”的系统中，人为主角，自然为本，建筑是配角。建筑设计追求人与自然和谐共存，发现人性并展现人文关怀，此为正道。

▶ **筑道** / 运斤札记

天地人和

“人法地，地法天，天法道，道法自然”是老子在《道德经》中对道法的解释。“天人合一”作为中国传统的哲学思想，儒、道、释等诸家虽各有阐述，但大都指人与先天本性相合，回归大道，归根复命。天地与我并生，万物与我为一，其所表达的不仅仅是一种思想，还是一种状态。“天地人和”则出自《庄子·外篇·天地》，原文为“天地人和，礼之用，和为贵，王之道，斯之美”，意为天时、地利、人和，其核心为“和”，是所谓“中也者，天下之大本也；和也者，天下之达道也。致中和，天地位焉，万物育焉”。

“天人合一”强调人与自然的亲和与协调，这里的“天”既有自然之天，也有社会之天，“人”同时包括“人”与“人工”两层含义，而“合”则既表达了与天的通达性，又表达了与天的亲和性。“天人合一”的观念反映在建筑中，即强调尊重自然规律，建构与自然的依存关系，建立人、建筑、环境的有机和谐关系，摒弃“人定胜天”“征服自然”的人类中心主义的激进思想，使建筑尊重自然、顺应自然、回归自然、取法自然。“天人合一”的思想观念从本质上讲也应合了绿色建筑的基本价值观。

中国文化中“和”的思想体现了自然社会中不同事物的矛盾统一。《庄子·天道》中有“与人和者，谓之人乐；与天和者，谓之天乐”之说。所谓天和、人和，是为万物之美产生的哲学根据。自然环境孕育了生命，创造了人类，人类在自然环境中建造了建筑，建筑又为人类的生产、生活提供了生存空间。人类的一切建筑活动都应顺应自然，遵循客观规律，这就是人、建筑、环境和谐共生、相互依存的真谛，同样也是考量绿色建筑和生态城市的基本依据。

“天人合一”所蕴含的思想是多方面的：一是要承认人与自然之间对立统一的辩证关系；二是要从根本上改变对待自然的态度，尊重自然、保护自然；三是要实现人与自然的和谐共生、协同发展。这里的自然不是简单的花草树木，而是包括人文、历史、传统在内的大环境。建筑作为一个广义的概念，从“天人合一”的视角看，不仅代表人与自然的和谐相处，还包括人与过去、当下、未来的和谐相处。因此，建筑师要秉持这种和谐共生的理念，怀着对大自然的敬畏之心、真诚之心、求和之心，在建筑的发展过程中实现有机更新，并实现可持续发展的目标。

建筑作为人居环境最主要的载体，总是处在特定的人工环境和自然环境之中，因此建筑是环境的一部分，建筑师应该从城市、空间、生态等多角度审视建筑及环境的适应性和可持续性，并回归从形态到生态的绿色观念。所谓“天人合一”“道法自然”，就是要追求自然环境、人文环境、地理环境的紧密结合和有机融合。建筑不应脱离环境只见建筑本身，如果仅仅关注建筑中那些被量化的、可割裂的、没有温度的技术经济指标，无视建筑作为生活空间的价值，建筑也就真正成了所谓“居住的机器”，没有了“烟火气”，同时也失去了其应有的生命的活力。

中国人向往的山水空间、田园林泉以及陶渊明笔下的桃花源，不是虚渺的乌托邦，而是一种安居乐道、守素抱真的状态，其本质是建构起人和自然环境和谐共生的天地人和的关系。自然生态与城市相生，山水环境与建筑相和，不仅是形态与生态的融合，也是生态与生活的融合。无论是因形取势、因势利导，还是显水、理水、导风、聚气，都是着意于建筑环境空间的创造，以环境服务建筑，使建筑融入环境。在“环境·建筑·空间”的大系统中折射出素朴的人文主义色彩，体现出气候适应性、环境适宜性和资源适用性的营造智慧。

“天地人和”的思想表达了对人和自然、人和环境、人和世界关系的理解，在建筑要素中包含在地性、现时性以及对人的生活价值的理解和传达。“在地、在时、在人”是存在，“因地、因时、因人”是行动，“天时、地利、人和”是目标。中国传统文化追求“天人合一”“物我两忘”的境界，又认为物质世界与精神世界相互影响、相互转化。这种思想体现在建筑上，一方面指建筑物理状态的呈现，另一方面指建筑的意境、气质的表达，体现了人的精神价值，二者彼此影响，缺一不可。

建筑的地域性犹如自然界中的一些现象，比如“南橘北枳”现象，南北地域的差异使二者外形相似但口感完全不同，仿佛变成了另一品种。很多生物即使基因相同，但因其生活的地域和环境不同，个体也会产生很大的差异。建筑与地理环境、人文环境密切相关，除了地理环境外，人文环境也是形成不同地域建筑差异性的内因所在。“此地”环境，

“在地”建筑，“因地”制宜，和而不同。

建筑的现时性映射出时代的物质特征和人文状态。回望建筑历史，无论是古埃及、古希腊，还是古罗马，每个时代都产生了经典的建筑。它们能成为经典，背后的技术支撑、材料工艺起了关键性的作用，这些建筑也反映了当时的技术水平。当下，在面对历史和传统时，建筑师不能忘记“在时”的意义，如果建筑失去代表当下生活、技术和审美的价值，缺少鲜活的时代感，那么建筑注定是没有长久生命力的，即越能体现设计时代，越具有历史价值。现时性是建筑必备的要素。

建筑归根到底是为人服务的，营造满足人使用需求的、适宜的环境氛围和符合人精神状态的空间是建筑最具价值的体现。世界各地的文化传承使不同地区的人们形成了不同的世界观，归于建筑方面，是不同审美价值的体现。人们从各地的建筑传统中可以解读出蕴涵在建筑形式感背后的审美价值，从而形成建筑独特的内在气质，这是人文积累对建筑文化的深刻影响。这种不同也正是建筑的内在魅力。

健康宜居的人居环境建构的是适宜适用、高效利用、和谐共生的生活空间，表现出对自然环境的敬畏、对传统文化的延续，同时也是时代发展的同步。在低碳、减碳的背景下，碳中和手段不应只停留在节能减排、治污减霾以及合理利用资源的技术层面，节材、节地、节水、节能也仅代表人们对资源的态度，只有观念的转变才会带来策略的调整，从这个意义上讲，重塑“天地人和”的价值观正当其时，形似回归，同时也是超越。

在建筑的技术层面，“和”的思维于数理逻辑来讲不应是零散的系统、割裂的局部或冰冷的标准，尽管我们不能忽视指标数据和技术集成的作用，但更重要的是要着眼于对系统性和整体性的把控；重视量化指标和技术策略中所蕴含的科学性，强调性能化的整合、整体性的解析、适宜性的匹配和协同性的结果，而不是将其进行简单叠加并停留在物理学的量化指标上。技术方案是整体的而非部分的，是多维度的而非单维度的，是适宜的而非牵强的，是辩证的而非是非的。异而相应，同而相从，更多的是“和”的价值趋向。

建筑从生活中来，又回到生活中去。在“天地人和”中，建筑和城市生态同构，建筑和人居环境相生，建筑和幸福生活共享，建筑设计将更加关注天蓝水碧、空气清洁、出行快捷、生活舒适以及生命的质量和生活的效率。互联互通的信息化时代，必然会带来环境空间的变化，只有让技术连接生活，把智能变成智慧，方能应对其带来的生活方式的改变。所有基于信息不对称的生活方式、生产方式、工作模式和商业模式也都在“云”的概念中悄然发生着改变，建筑空间、城市空间等都应出于对生活效率的考虑而做出应有的变化和调整，这一切都应以人和人、人和自然、人和社会、人和建筑的和谐共享为出发点和归结点。

“天、地、人”在中国古代被称为“三才”，也可演化为时间、空间和人间。在建筑学的语境中，其又似由时、空、人建构的三维坐标系，在其中关联着各种要素，而这种关联或就是“和”的意义。象天法地、天人合一、天地人和、和而不同，这些词组蕴含的深刻寓意，犹如亘古明月，在今天依然散发着智慧的光芒。

▶ 筑道 / 运斤札记

诗意栖居

栖居是指人的生活、生存状态。诗意则是指诗词歌赋里所表达的、给人以美感的意境。而诗意栖居就是人们对诗情画意般人居环境的向往和对精神家园的追求。“诗意地栖居”作为一个哲学观念，最早由德国浪漫派诗人荷尔德林和存在主义哲学家海德格尔等人共同倡导，旨在通过艺术化和诗意化，抵制科技发展带来的个性泯灭以及生活的刻板化和碎片化。以建筑学的视野视之，建筑作为生活的载体，在大千世界中承载着人生的日常，在空间维度上晕染着时光的炫彩，建筑学既要关注空间中的世俗，还要关注时间中的美学。从某种程度上讲，诗意栖居是建筑学应有的时空观念和精神价值。

“借书满架，偃仰啸歌，冥然兀坐，万籁有声……明月半墙，桂影斑驳，风移影动，珊珊可爱”（《项脊轩志》），这是明代归有光的诗意栖居；“……忽逢桃花林，夹岸数百步，中无杂树，芳草鲜美，落英缤纷……复行数十步，豁然开朗。土地平旷，屋舍俨然，有良田、美池、桑竹之属。阡陌交通，鸡犬相闻。其中往来种作，男女衣着，悉如外人。黄发垂髫，并怡然自乐”（《桃花源记》），这是晋代陶渊明的梦里家园；“宅中有园，园中有屋，屋中有院，院中有树，树上见天，天中有月”，这是近代作家林语堂心中的理想住宅。这些诗意栖居，使生命的本真存在得到了淋漓的展现，而“一炷心香洞府开”（《仙山》，唐，韩偓）、“一花一世界，一叶一菩提”（《华严经》，唐，般若）等等，则是以诗意洗却了世俗生活中的尘埃。

诗歌对生活的影响是无形的且深刻的。诗歌在感情上滋润着建筑、环境以及生活在其中的人，使人与自然和谐相处。春风飞扬、秋思浩荡、明月千古、晚钟斜阳、田园林泉、桃李芬芳，诗的意象被投射到建筑上，赋予建筑新的生命力。饱读天下诗书，尽赏人间美景，聆听经典名曲，是诗意栖居、诗意生活的精彩体现。从秦文中学会哲理思辨，从汉赋里看到张扬恣肆，从唐诗中领略激情高亢，从宋词中感受温情缠绵，从元曲中欣赏一咏三叹。这种灵魂与灵魂的相知相遇、古人与今人的同喜同悲、历史与现实的时空交错，在物我、古今、人人的对话中达到天地人和的境界。

望得见山，看得见水，记得住乡愁，这是中国人对家园的情怀。情归田园、浮生日闲、诗意栖居、逸隐林泉，这既是生活美学，也是空间诗学。田园林泉不是远离世外的桃花源，也不是远离生活的太虚境，更不是凭空臆想的乌托邦，也不是一个特指的地方，而只是一种状态、一段心情，田园林泉是生命从喧哗走向宁静的诗意回归。“方宅十余亩，草屋八九间。榆柳荫后檐，桃李罗堂前。暧暧远人村，依依墟里烟。狗吠深巷中，鸡鸣桑树颠”（《归园田居·其一》，晋，陶渊明），这是人间尘世的日常烟火；“结庐在人境，而无车马喧。问君何能尔？心远地自偏。采菊东篱下，悠然见南山。山气日夕佳，飞鸟相与还。此中有真意，欲辨已忘言”（《饮酒·其五》，晋，陶渊明），这是诗意栖居的悠然生活；“树绕村庄，水满陂塘。倚东风、豪兴徜徉。小园几许，收尽春光。有桃花红，李花白，菜花黄。远远围墙，隐隐茅堂。飏青旗、流水桥旁。偶然乘兴，步过东冈。正莺儿啼，燕儿舞，蝶儿忙”（《行香子·树绕村庄》，宋，秦观），这是秦观的清明春景画，春风和煦，桃红李白，莺啼燕舞，柳暗花明。安居乐业，是一种生活的态度，春明心静，是一种生命的释然。惬意的生活图景无疑是每个人家园情怀的寄托，秦观也常会有“雾失楼台，月迷津渡，桃源望断无寻处”（《踏莎行·郴州旅舍》，宋，秦观）的慨叹。“舍南舍北皆春水，但见群鸥日日来。花径不曾缘客扫，蓬门今始为君开。盘飧市远无兼味，樽酒家贫只旧醅。肯与邻翁相对饮，隔篱呼取尽余杯”（《客至》，唐，杜甫），这是杜甫的寒舍迎客图，春水缭绕，鸥鸟戏飞，落花没径，隔篱尽杯。日子有趣，生活趣味盎然，寻常有心，处处皆是田园。而“安得广厦千万间，大庇天下寒士俱欢颜”（《茅屋为秋风所破歌》，唐，杜甫），从某种角度讲或也是杜甫的田园生活的另一种呐喊。“空山新雨后，天气晚来秋。明月松间照，清泉石上流。竹喧归浣女，莲动下渔舟。随意春芳歇，王孙自可留”（《山居秋暝》，唐，王维），这是王维对山村的旖旎风光和山居村民的淳朴民风的描绘，秋山初雨，风光旖旎，民风淳朴，生活怡然。山水的自然美、生活的和谐美恰似一幅清新秀丽的图景，又像一曲恬静优美的民乐。也许正因为在诗意栖居中王维看见了自我，才有了“行到水穷处，坐看云起时”（《终南别业》，唐，王维）的澄明与达观。

诗意栖居，其实也是栖居的诗意，有建筑的诗意，也有环境的诗意，更有生活的诗意，同时还需要一种诗意的情怀。“春有百花秋有月，夏有凉风冬有雪。若无闲事挂心头，便是人间好时节”（《颂平常心是道》，宋，无门慧开禅师），栖居既是日常的生活居所，也是心灵的栖息地。将诗意投射到建筑空间，使建筑营造虽由人作，也能达到宛若天工的意境，在建筑的小天地中感受宇宙大乾坤的存在，就像中国的园林，其运动的、无灭点的透视，无限、流动的空间，以有限的景致创造一种飘然于物外的无限意境。“园之佳者如诗之绝句，词之小令，皆以少胜多，有不尽之意，寥寥几句，弦外之音犹绕梁间”（《园林清议》，陈从周），其虚无又实在、宏大又精微、断顿又连续、静致又流动的空间，在范围和界面、内容和意义上具有不确定性，使之感知主体会产生诸多的主观联想，不能一语道破，似露非露、或隐或显，知其然而不易知其所以然，这种审美总是蕴生活感受于言表之外，寄不尽之意于显体之外。扬州个园的四季假山，宣石寓冬，黄石表秋，湖石寄春、夏，不只神态和造型，同时也在色彩上表现出季候的更迭和温度的差异，使之有了更深一层的意义，起到了“神游物外”的作用。而苏州拙政园的“待霜”小亭，周围植橘，看到题匾，即使无橘，身涉其境也会感受到橘待霜降的色泽和清香。这含蓄的弦外之音使人产生美好的联想。山巅水间自然成为滋养人心灵的所在，山水、建筑、人的和谐，使人达到物我两忘的境界。畅游黄鹤楼，李白看到的是“孤帆远影碧空尽，唯见长江天际流”（《黄鹤楼送孟浩然之广陵》，唐，李白）；序赋滕王阁，王勃写就的是“落霞与孤鹜齐飞，秋水共长天一色”（《滕王阁序》，唐，王勃）；登临岳阳楼，范公感慨的是“先天下之忧而忧，后天下之乐而乐”（《岳阳楼记》，宋，范仲淹）。“山随平野尽，江入大荒流”（《渡荆门送别》，唐，李白），极目山水，道生有无，这种对自然的皈依与眷恋，使无形的时光在有形的空间里可知可感，惊心动魄，有如大观楼那副长联，“五百里滇池，奔来眼底”（《大观楼长联》，清，孙髯翁）是空间浩渺，“数千年往事，注到心头”（《大观楼长联》，清，孙髯翁）是历史沧桑，时空流转，瞬间模糊了边界。山水寄情就是在水阔山高之间，寻找一个俯瞰生活的视点，感悟时空、宇宙、生命融合的意义。

诗意栖居，使人在自然、自我、自在之间感受自然的真，体味人情的善，领悟生活的美，这样就会真正读懂建筑。建筑作为自然的一部分，应当是自然而然生成的，无为而治，没有造作，并令人从中感受到自在，这种自在既有自然环境之美，也有人与环境的和谐之美，还有安居乐业、风俗人情的醇厚之美。从陶渊明的“桃花源”到杜甫的“茅草屋”，从王维的“辋川别业”到秦观的“树绕村庄”，在自然而然之外依然能够感受到天地之心。山在、水在、大地在，天在、我在、岁月在。建筑的魅力还在于实现艺术性与技术性的微妙平衡，使建筑空间成为承载生活诗意的舞台和容纳人情感的容器。在外形的“意象”、空间的“内境”中融入诗意的表达和美学体验，既关注空间有形的“体”，也关注无形的“奥”，更关注其中的“人”。“如跂斯翼，如矢斯棘。如鸟斯革，如翚斯飞”（《诗经·小雅·斯干》，先秦，佚名），这是建筑造型的细节美；“五步一楼，十步一阁；廊腰缦回，檐牙高啄。各抱地势，钩心斗角”（《阿房宫赋》，唐，杜牧），这是建筑的空间组合美；“东南形胜，三吴都会，钱塘自古繁华。烟柳画桥，风帘翠幕，参差十万人家”（《望海潮》，宋，柳永），这是城市环境的空间美。不止这些，诗意还被写进了建筑的窗、墙、栏、廊、院。“蜂蝶纷纷过墙去，却疑春色在邻家”（《雨晴》，唐，王驾），“墙里秋千墙外道，墙外行人，墙里佳人笑”（《蝶恋花·春景》，宋，苏轼），这是诗中的墙；“窗含西岭千秋雪，门泊东吴万里船”（《绝句》，唐，杜甫），“何当共剪西窗烛，却话巴山夜雨时”（《夜雨寄北》，唐，李商隐），“开帘放入窥窗月，且尽新凉睡美休”（《鹧鸪天·云步凌波小凤钩》，金，党怀英），“窗外芭蕉窗里人，分明叶上心头滴”（《眉峰碧·蹙破眉峰碧》，宋，佚名），这是诗中的窗；“砌下梨花一堆雪，明年谁此凭栏杆”（《初冬夜饮》，唐，杜牧），“独自莫凭栏，无限江山，别时容易见时难”（《浪淘沙令·帘外雨潺潺》，后唐，李煜），“把吴钩看了，栏杆拍遍，无人会，登临意”（《水龙吟·登建康赏心亭》，宋，辛弃疾），这是诗中的栏；“密锁重关掩绿苔，廊深阁迥此徘徊”（《正月崇让宅》，唐，李商隐），“东风袅袅泛崇光，香雾空蒙月转廊”（《海棠》，宋，苏轼），“半廊花院月，一帽柳桥风”（《临江仙·离果州作》，宋，陆游），这是诗中的廊；“庭院深深深几许，杨柳堆烟，帘幕无重数”（《蝶恋花·庭院深深深几许》，宋，欧阳修），“无言独上西楼，月如钩，寂寞梧桐深院锁清秋”（《相见欢·无言独上西楼》，五代，李煜），“西园何限相思树，辛苦梅花候海棠”（《鹧鸪天·候馆灯昏雨送凉》，金，元好问），这是诗中的院。建筑之中，何处无诗？建筑之中，诗意盎然。

从“筑居”到“栖居”，是从“居”到“宜居”再到“人居”的转化。诗意栖居与其说是一种与自然和谐相处的生存状态，还不如说就是生活本身。踏遍青山，泛舟江湖，松风煮茶，竹雨读书，生活中处处有诗。窗前月光，宫阙晨霜，凭栏远望，秋院海棠，建筑中处处有诗。只有用心去享受生活的意趣，才能让生活充满阳光，让世界充满爱！用诗意去点亮生活的明灯，人生就会精彩美丽、充满诗意。这或就是诗意栖居的意义所在。

▶ **筑 道** / 运斤札记

意象无形

汉字“形”“象”都指形状，而“意”则指人对事物的思想、情感及态度。意象的概念最早源于《周易·系辞》，其本意是“观物取象”，以卦象来记录天地万物及其变化规律，后被引申为一种文化思想观念，虽然“立象以尽意”的原则未变，但此象已非卦象，而是抽象或具体可感的物象。“意”是内在的抽象的心意，“象”是外在的具体的物象，意源于内心，以象来表达，象成于物体，以意为寄托。对于人的思维而言，意象是基于素养和经验认知的片段闪现，它介于有形与无形之间，正所谓“惚兮恍兮，其中有象；恍兮惚兮，其中有物”，这种恍惚与模糊意象的产生，则是源自非理性的感觉、直觉、悟觉。

老子在《道德经》中言及“道”的至高至极境界的用词为“大音希声，大象无形”，其意是宏大的音律往往感觉声响稀薄，宏伟的景象常常无有定形。“大象无形”可以理解为：世界上伟大恢宏、崇高壮丽的气象和境界，总是不拘泥于形，而是以无形成意象，以大象现气象，是谓庄子所说的“大美不言”。所谓“意象无形”是借以“大象无形”的表达对存在的形、意念的象、感知的境的深层次诠释，正如顾恺之的“以形写神”、王昌龄的“言以表意”，都比较恰当地说明将形式作为媒介，从而达到传神表意的目的。形而有形，形亦无形，形寓意象，意象无形。

建筑作为场域环境中的物质再造体，既存在实体的形态，又生成建构的空间，其结果是由环境、文化、功能、技术、形式、意义等十分复杂的主客观因素所决定的。技术、艺术、人文的三维坐标系不可能以简单的思维逻辑表达。建筑审美不仅包括实体的形式美，还有空间的意象美以及环境的意境美。审美认知是一种意象领悟和意境感知，理解的因素总与情感、想象、感知等多种心理功能交织在一起，其艺术的表现力并不求导出错与对的唯一结论，而往往显得含蓄、朦胧和模糊，难以用明确的概念去表达。建筑给人们的审美认知提供了一种想象，寓意于形、寄情于间、融情于境，即基于建筑形、意、境的心有感想，产生想象，以成意象。

以艺术的维度审视建筑，无论是建筑形态还是建筑空间，都是通过点、线、面、体和光、影、色、质等元素，运用对称及不对称、交替、强弱、起伏、进退的对比关系，比例、尺度、模数的数理逻辑以及空间的蒙太奇组合来表现的，产生高大、雄伟、活泼、幽静、雅致、绚丽的艺术效果。建筑的艺术感染力更多来自历史与事件、人物与故事、风土与乡情、文化与科学、自然与环境、宗教与民俗的联想，凭借构图的直觉做出抽象的概括与判断。建筑艺术虽然没有丰富的情节和戏剧冲突，但其魅力在于以形态和空间的形式提供了多层次、多方位、多因素的想象，同时构成了一个完整的丰富多彩的世界，并延续着数千年的文化。

建筑作为人类生活空间的载体，不同于文学、戏剧等纯意识形态领域中的文化形式，它对人的影响不只有感想和联想，还有存在于真实空间形态中的生活和体验。建筑的复杂性、综合性、矛盾性决定了其具有丰富的表现形式，装饰性、象征性、动态美、几何美、理性美、朦胧美等都是其特征。所谓多元共享、文脉共生、为人服务，其实是以动态平衡应对建筑的不定性，强调建筑与环境和谐对话、人文与自然协调平衡、形象与意象相互关联，即追求不同层次的不同审美感受，最大限度地满足各种人群的多元化审美趣味和审美需要，既要有下里巴人之美，亦应有阳春白雪之美，这种雅俗共赏也表现出意象审美的多义性和差异性。

建筑是人们生活中不可分割的重要组成部分，在其形体建构、空间塑造和环境营造中，既注重个体，又强调整体；既存在理性，又充满感性；既表现形式，又表达情感。对建筑的全面认知应基于技术、艺术、人文等多维度的关联，充分考虑环境的适应性、生态的多样性、文化的多元性、功能的差异性以及技术的适宜性等。建筑的美学思维要以建筑本体为载体，以形式语言为元素，以意象表达为追求，以意境营造为目标，以形成象，以象表意，以意生境，以境寓情。建筑形象和空间组织不能以具象的表皮、粗俗的包装牵强附会地图解意义，而应建构以“意象”“意趣”“意境”为美学特征的设计理念，追求建筑形、意、境的自然生成。

建筑之形，形以成象。相对于西方用形式语言的观念对“形象”进行认知，中国文化所讲的“大美不言”“以形写神”则更重视“意象”的表达。“大象无形”“言以表意”，就较恰当地表达了形式语言和“神”“意”的辩证关系，形式为词汇，造型为句法，形象为语言，意象为文化。在建筑设计中，为了更好地表达设计理念，建筑师需要在全面理解并掌握古今中外建筑形式语言的基础上，综合考虑环境、生态、文化、功能、技术、经济等复杂的主客观要素，跳出为形造型的单向逻辑思维模式，顺应环境特征、承合文化传统、切合建筑特征、遵从技术法则、坚守建筑伦理、合乎时代潮流，选择合乎建筑自身特点的形式语言，以无古无今、无中无外、能入能出、能放能收的创作态度，设计出各具特色、风格迥异的建筑形象，从而摆脱形式同质的桎梏，走出形式贫乏的藩篱，突破形式程式的困境，并以创新求变、创意顺变实现建筑造型艺术表达的新突破，以适应建筑文化多元化发展的需要。

建筑之象，象以表意。意象作为经验认知和素养积淀的“表意之象”，介于有形与无形之间、无形与有意之间，所谓“惚兮恍兮，其中有象；恍兮惚兮，其中有物”，这种源自非理性的直觉、感觉、悟觉等潜意识即意象。中国文化中的“大美不言”“传神表意”的哲学思辨，也赋予了中国传统绘画、文学，以及建筑所特有的美学表达，追求一种形以表意、意以寄情、情以生境、情溢象外、情境交融的审美境界。优秀的建筑作品总是能够突破形式语言而深入人心，心中的感受把视觉经验引申至意念境界，给建筑形象赋予了比形式语言更丰富、更持久、更具有感染力的意象。意象作为一种高品位的东方式的审美理想，使意象美比形象美更深刻、更引人入胜、更令人难忘。在追求视觉化、景观化、图像化的当下，重新审视艺术审美中亲和、中正、含蓄、素朴、端庄、典雅的中国表达，在建筑设计中着意探寻形态和空间的意象表达，是具有非常积极的现实意义的。

建筑之意，意以生境。意象是文化的形象，意境是意象的升华，意境作为建筑设计更高层次的美学追求，更为关注建筑与环境、建筑与生活、建筑与人文之间存在的自然和谐、共享共生的有机关系。一方面，在大千世界中，建筑从来不是孤立的个体，而是“万事万物”的重要组成部分。建筑作为环境中的物质实体和空间载体，应与人、环境之间呈现一种“不期工而自工”的整体契合、浑然天成的“天人合一”的状态。另一方面，基于建筑本身功能、形式、建构、意象等理性与非理性的影响因素，建筑设计应由表及里地关注形、意、境的传神表意，以形式为语汇，以意象为表达，以意境营造为目的，在建筑各个功能要素和影响因素之间形成相互制约、整体关联的协同系统，重建技术逻辑和建筑伦理，并结合自身特点和创意理念选择不同的切入点，在统筹解决各种问题的同时取得更好的效果，从而实现建筑形、意、境的自在生成，充分体现建筑“浑然天成”“情境合一”的美学价值。

“大象无形”而“意象无形”，这与其说是建筑师基于建筑的形、意、境审美维度对建筑观念和建筑美学的思考，倒不如说是对当下建筑“审丑”现象的批判和对建筑创作碎片化的思辨。建筑创作在资本、公权、技术和观念的共同作用下，醉心模仿古建古典和所谓当代新潮的建筑式样，留下了一些令人尴尬的粗俗场景和丑陋建筑。这些“假大空”“伪恶丑”的建筑，自我自大、自恋自赏，喜欢以看图识字、图解说教的方式，借以具体物相造型和各种虚假装饰构件等，让庞大、具象的形体去讲故事、显个性，去突出异化的地方特色和庸俗的原创性，完全背离了建筑设计的基本逻辑和艺术规律。

建筑作为通过实体、空间、环境共同营造的文化氛围与意境来感染人的抽象艺术，具有满足人的物质生活需求和精神生活需求的双重功能。建筑形象的创造应是以意赋形，充分表达建筑及其环境中所有的生活情趣、文化氛围乃至建筑意境，并随缘入境地将建筑的生活美、艺术美、形式美融于一体，体现出“品真、德善、艺美”的建筑价值。建筑之形，有形无形，建筑之象，意象无形。

▶ **筑道** / 运斤札记

匠心独运

“匠心”一词出自唐代王士源《孟浩然集序》的“文不按古，匠心独妙”。所谓“匠心”是指工巧的构思，“匠心独运”意为独创性地运用精巧的构思。建筑中的“匠心营造”可谓是同意表达，即在建筑空间建构中于材料、工艺、构造和建造技术等方面以精巧的构思，选择合宜的材料、相宜的构造、适宜的结构，从而实现建造目标，是谓“精而合宜，巧而得体”。

中国古代自周以来，无论是营建的司空，还是治园的匠人，都无不是都城营建的设计者和造园置景的主导者。从周代的《考工记》到宋代的《营造法式》，再到明代的《园冶》，这些关于工程营造的典籍对都城规划、工程做法和园林置景等都进行了具有科学性和规范化的论述。特别是《营造法式》，作为详细记述建筑工程技术、规程及范式的著作，它对建筑形制、建筑用料、工程技术和建造管理等方面的经验总结至今都具有现实和历史意义，其中所涉的材分模数、构件组合和建构体系均显现出独特的工艺技巧，体现出朴素的科学理性精神。

中国近代建筑的发展经历了一系列与社会格局有关的变化，复杂的社会背景、薄弱的工业基础和落后的科技水平使其发展内动力不足。改革开放以来，伴随着房地产开发的大潮，建筑设计也进入快速发展期，同时也暴露出一些问题，如设计理念无法很好地体现，技术的系统性、设计的整体性、材料的适宜性、构造的合理性等都不尽如人意，当下城市发展中依然有一些堪称粗制滥造的建筑，与城市整体环境格格不入。

中国经济在经历了长时间的高速发展后，现已进入回调趋稳的时期，城市发展从重规模的增量扩张向重品质的质量提升过渡。在新的形势下，政府倡导“工匠精神”，在提质增效的高质量发展中，提升建筑品质成为必选项。建筑作为服务于人的再造物，既具有人文、艺术和技术的多重属性，又承载着空间和实体的相互关系，且通过技术的手段完成并以实体的形式呈现。因此建筑的形式语言要完整地表达建筑的技术逻辑、构造做法、工艺水平、材料本色及其内在气质、外在审美和时代特征，以更好地呼应建筑所在的城市的生活环境。

建筑的本质是空间营造，其呈现的形式要通过建筑的实体结构实现，其实现的过程是以材料为基础、以构造为手段、以技术为核心的符合科学逻辑的整合。也就是说，空间营造和技术建构是相辅相成的一体两面，互相依存且不可缺失。大到宏观的技术体系，小到微观的细节处理，其逻辑性、关联性和协调性都不容忽视。技术作为建筑发展的原动力，是提升建筑品质的基础，以材料、工艺、构造为一体的技术理念，不只是建筑设计的常选项，还是冀以匠心独运的独创性实现建筑品质提升的有效手段。

建筑材料内在的物理性能使其成为建筑构造的基础，而外在的色彩质感又使其成为建筑造型的基础。合理地选择材料、适宜地运用材料对于建筑技术设计至关重要。从建筑材料到建筑物，建筑结构和建筑构造是其最主要的部分。建筑构造的主要环节是连接、做法和表现，连接侧重于构造的技术性处理，做法侧重于构造的实施落地，表达侧重于构造的形式塑造，这就要求材料除了要满足功能性和技术性要求之外，还应充分展示其本色化表征和本质化性能。尽管随着技术的进步，在建构过程中，材料的基本属性常常会隐匿在材料所构成的空间形式和建筑形体的背后，但仍然不能忽视材料的适宜性和原真性的表达，而应发挥其在构造中基于技术和艺术的基础作用，使材料的构造和表达都适宜适度。工艺贵在精细，用料重在适宜。

建筑构造是建筑技术设计的核心，包括功能构造设计和细部构形设计，亦即构造设计和细部设计两部分内容。构造设计是以功能（如防水、防火、保温、固定、连接等）的实现和结构稳定为基本原则的被动性设计，其对建筑的使用功能会产生影响；而细部设计是基于与建筑整体形态相协调的材料加工、组合方式和构造节点设计，以达到功能有效、结构合理、整体协调、形式美观、细节极致等目的，并给人以美的感受。建筑构造设计作为技术、功能、美观三种要素的综合表达，在形式上要注重材料组合方式的优化、尺度比例的推敲和视觉感官的修正；在功能上要符合建筑构造原理、发挥材料自身功效并考虑人体工学设计；在技术上要明确结构构件、建筑构件的相对关系，选择合理的连接方式，追求力学概念的清晰表达。

工艺细节是形式美学表达的重点，最终体现为根据不同场所氛围和尺度营造合适的空间感受，而这种感受往往通过对细节的刻画加以体现。建筑师在刻画细节时必须充分考虑使用者的空间心理感受，基于营造的不同空间氛围，选择需要重点刻画的细节，通过专业语言对文化要素进行提炼，并结合地域材料的特点，包括质感、色彩等，予以体现;同时还应提升控制细节的执行力，保证设计在具体落地中不走样、不变形、不呆板，这对于建筑师的品质控制能力提出了更高的要求。建筑师只有对工艺细节和构造节点进行充分推敲、深入研判、多方统筹，并通过对材料、工艺、构造等方面采取统一的技术措施，对最终材料品质和施工品质进行充分控制，才能保障在建筑细节处理上具有适宜性、精准性和表现的张力。

建筑技术设计的目标通过建构完整的专业化技术体系并运用符合科学逻辑的技术原理而落实，要求其所建构的技术体系具有完整性、严谨性和协调性。所谓完整性，即根据建筑类别、专业类别和控制类别建立一套相互交叉的矩阵系统，这个系统不是简单的平行关系，而是有层次的互交关系，是整合的而非分解的。这种整体性的体系使所有技术节点都能在各专业的相互关联中找到适应性的解决方案。所谓严谨性既包含技术控制的逻辑，又包含几何控制的数据化，以及贯穿建筑设计全系统的模数系统，使之成为全专业共同的参标依据。这种严谨的数据控制对于提高建筑技术设计水平具有重要作用。所谓协调性，即针对建筑技术体系中的各个专业系统和专项系统，通过协同作业实现总体统筹和交叉平衡。

设计的匠心不应仅停留在技术的层面，只寻求科学的表达，还应为建筑的形式表达提供适宜的支撑，并通过形式逻辑和构造方式的整合，使建筑技术设计体现功能价值并赋予其应有的审美意象。建筑构造的艺术化处理，就是将建筑的造型语言、构形要素与材料特征及构造方式相结合，进行协同化、统筹化设计，赋予建筑与其形体相适宜的肌理和形态，其中既要有工巧的构思，还应有技术的逻辑，使之在具有形式美的同时蕴含工艺的精致和技术的理性，并通过对文化表征和传统造型元素的转译、演绎、整合及重构，体现建筑本土化和地域性的审美特征，但不应是简单的模仿和照搬，而应是基于系统整合、技艺融合、新旧统合的再创造。

技术的发展推动了社会的全面进步和生活的日新月异，技术同时也成为建筑创新的最大赋能方。物质化的、可度量的指标一直是建筑品质提升的重要因素，BIM（建筑信息模型）技术、3D 打印、智能化、智慧建造等都将为设计和建造带来重大变革，设计的匠心精神会在新技术的助力下得到更大的提升。建筑技术体系作为材料、工艺、构造、结构所形成的一体化系统，是建筑设计中技术建构的核心，在高质量、高水平发展的新形势下，绿色、智能、装配、低碳、“既改”等都要求建筑设计必须超越艺术化表现和技术性表演的层面，以精细化和精致化、高完成度和高品质来满足发展的需要。匠心独运、精益求精作为强调独创性和工艺性的表达，在增强技术赋能，以提高建筑品质为目标的建筑技术设计中是必然选择。

筑道 / 运斤札记

意匠建构

“意匠”是谓作文、绘画、设计之事的精心构思。晋代陆机的《文赋》中“辞程才以效伎，意司契而为匠”、唐代杨炯的《王勃集序》中“六合殊材，并推心于意匠；八方好事，咸受气于文枢”、宋代陆游的《题严州王秀才山水枕屏》中“壮君落笔写岷嶓，意匠自到非身过” 等都莫不如此。“建构”原本就是建筑用语，却常被用在文化研究、社会科学和文学批评上，是指在已有的文本上，建构起一个分析、阅读系统，使人们可以运用一个解析脉络拆解文本背后的因由和意识形态。建构既不是无中生有的虚构，亦不是阅读文本的唯一定案，而是一种在文本间建立的系统。

现在建筑学中所用“建构”一词多是指英文“tectonic”的中文翻译，“建构”在当下似乎已成为一个学术、时髦的用语。有时候“建构”也常被简单地等同于“技术”，这或因建筑中结构、构造和材料等技术特征被简单地嫁接到了“建构”所倡导的“理性主义”的思考所致。技术只是建构的手段，而非全部，其实“建构”的意义“是以人类对世界的心理和情感认知为前提的”，技术只有从人类学关怀的角度来呈现，才能真正服务于建筑。这或应该是对建筑中的“工程”与“技术”所持的基本立场。

建筑和人的衣食住行等无一不发生关系，人类在生活中真正需要的真建筑并非只是冰冷的使用空间，而应该是有温度、有情趣、有审美的生活情境。基于建筑本身的物理形态、功能空间、在地环境的一体三维特征，建筑的功能是不可能仅通过技术的逻辑和产品的概念来实现的，而应是在对技术、艺术、人文进行综合解析的基础上通过建筑意匠和技艺的平衡而达到多优的目标。作为设计主角的建筑师，既要有以意匠引导技术的认知，又要通过思考、发现与行动，以意为道、以技为器，化不利为有益，变无用为可用。

纵观建筑的发展历程，技术作为主线始终贯穿其中，并从技、艺、道不同层次对建筑产生较大的影响。结构自身的合理性、逻辑性同时也体现出独特的工程审美，结构美学与建筑美学从来都是密不可分并相互作用的。技术的进步不仅体现在建筑建造方式的改变上，还体现在新材料、新技术的应用上，以使建筑的舒适性得到较大的提升，反过来生活水平的提高又对技术提出了更高的要求。没有技术的进步就没有建筑的发展，建筑当随时代的发展而更新已成为共识。

建筑和工程经历了结合与分离的过程。早期由于技术相对单一，建筑师和工程师的角色是重叠的，后来随着技术的发展，两者之间逐渐分离并被细化为建筑、结构、机电等诸多专业，也造成表皮、内瓤、骨架之间的脱离。美学表达成为脱离技术体系的炫酷立面，工程支撑则成为脱离美学实践的建模计算。随着时代的进步，技与艺相结合已成为新趋势，在工程中更加注重技术与艺术之间的融合表达，并以系统最优代替单一最优。

“建构”作为“意匠”的实现手段，是技术逻辑下的艺术表达，也是建筑创作中美学思维与力学逻辑的融合体现。所谓建筑设计就是工程技术视角下建筑学的工程实践，既要有关于建筑乃至空间环境的思考，也要在设计和实施中将空间创作、形式创作、景观创作与结构建造、环境调控、功能工艺、智能数字等进行密切互动，增加技术动能，促进技术创新，从而达到技与艺融合、建与构相辅、匠与意相成，呈现统一、协调、适宜的最优效果。

从某种角度上讲，“意匠”是传统智慧，“建构”是当代思维。从技艺到意匠是基于建构理念对建筑学、建筑设计及建筑师职业的本质回归，也是对现代以来传统建筑学的拓展和升级，以期在当代人类赖以生存的生态、技术和空间环境发生巨变的状况下，使经典建筑学更加具有系统性和科学性，以应对社会、经济、文化发展所带来的挑战，真正实现建筑学中艺术和技术的统一、生活与生态的和谐、物化与文化的融合。

建筑设计从管理逻辑上讲是基于各种建筑要素，进行方案设计的从无到有的过程。作为一个多目标交织而求其效果相对最优的达成过程，建筑设计总是在多方设计诉求和工程实现之间做取舍，在文化、环境、技术、造价中取得合理平衡，并聚焦自然和人工的密切交互关系，体现独特的文化内涵和美学感染力，并通过诸多小的不确定性的博弈而找到最后的确定性。

随着科技的进步和社会的发展，建筑规模的增长性、功能的复合性、环境的复杂性，使工程学科与建筑学科产生分离，也使建筑设计中所要思考的问题在向度上相疏或相悖。要达到多维交合以求多优的设计目标，必然要应因建筑的本原要素、技术的系统整合、建构的哲学思维，通过统筹性管理来实现。“建构”应成为工程技术视角下的建筑设计的关键词。

在建筑实践中，基于整体性的技术理性原则，建筑设计应超越建筑专业的单一视角，贯彻基于技术可行性的建筑创意、基于技术系统性的工程设计、基于技术细节性的文化表达等三个方面，充分融合结构、机电、绿色、智能等专业性的技术要求与表达方式，营造艺术性与工程性、生态性与社会性、地域性与时代性、创新性与适宜性兼顾的建筑工程设计作品。

建筑设计中的技术系统应遵从合理性、安全性、可靠性、经济性、适宜性等前置性基本要求，并将数理逻辑作为技术系统建构的基本语言和建筑工程设计中各专业充分融合的基础，最终通过模数体系呈现。要实现建筑、结构、机电一体化的平衡和适配，需要建筑师在创意实现的过程中注重技术的系统性，在建筑创意和技术建构相协调、多专业诉求相平衡下实现一体化设计的系统性建构。

建筑设计需要直面新事物、新知识和新形势，与工业产品设计为实现单一目标以求结果最优不同，建筑设计是在多个目标交集中求相对最优。建筑的复杂性决定了设计的系统性，设计的系统性决定了管理的统筹性，在适应“内部环境”和满足“外部环境”的过程中，建筑设计必须适时适地地掌控大局，同时还需要建立起遵循内在逻辑且覆盖从前期策划到后期评估的全生命周期的复合技术体系。

建筑设计应以综合多优目标为导向，在满足功能、空间、流线、形态要求的基础上，充分考虑环境、文化、技术、经济等影响因素，基于材料、构造、建构、机电等实现要素，形成多维交互、多线交织、多点连接的空间矩阵，即在传统的结构、机电等专业的协同配合下，将商业标识、幕墙、消防、安全等诸多分项纳入体系化的大系统中，在取舍、优选、统筹中找到最优路径从而使设计目标落地实现。

当下勘察设计行业已进入一个新的发展时期，为了更好地适应市场需求、社会需求和使用需求，建筑的原真性、环境的适应性、技术的创新性应成为建筑设计的普遍追求。在建筑师负责制逐步实施的大背景下，建筑设计不能只局限于对设计创作的探究，建筑与社会的综合关联关系需要对技术与艺术的共同推动，建筑的可持续创新也需要技术逻辑与艺术表达的协同构建。建筑师作为工程设计项目负责人要打破固有工作范畴的限制，秉持创作与工程相结合以及设计与建造、技术与艺术一体化的理念，在数字技术不断进步、环保意识不断提升的双重语境下，将挑战转变为机遇，推动建筑的创新发展。建筑设计只有顺应时代的发展，遵循建筑的规律，符合技术的逻辑，并根据设计要求以目标为导向，建构起多要素、多层次、多向度的空间交互体系，同时发挥人的主观能动性，通过人人、人机协同，方能实现统筹性的多优设计目标。这或就是工程技术视角下设计的价值，以及基于“意匠”和“建构”的意义所在。

没有最好，只有更好……

▶ **筑道** / 运斤札记

至大无外

“上下未形，何由考之？……阴阳三合，何本何化？……圜则九重，孰营度之？……斡维焉系，天极焉加？……九天之际，安放安属？……”两千多年前屈原以惝恍迷离的文字发出的天问，至今仍在天地间回响。2021 年 5 月 15 日，“天问一号”探测器，终于在火星乌托邦平原南部预选着陆区着陆，在火星上留下了中国印迹。屈原的天问，终于有机会去寻找答案了。从“天地中”到“地球村”，从“地球村”到“太空城”，似乎一切都有可能超越人类想象力的极限，变不可能为可能。面对瞬变的世界，当奇点到来之时，建筑何在？

在浩瀚宇宙中思考人类文明，依然存在很多未知，银河系中的地球如一粒尘埃，而人类的五千年文明在时光的长河中也仅是瞬间。时光运动会改变空间、扭曲空间甚至穿越空间，时间维度本不存在，只因运动的现象，从而成为空间的一个维度。碳基生命只是一个过程，在其消失之后电磁依然存在，生命永恒是指灵魂不灭。所谓眼见为实，其实看到的未必是客观的，更多的是主观的。即便在科技高度发达的今天，世界依然混沌，天地依然玄黄。在至大至宏的大千世界，至小至微的生活质变巨大无量，所造成的秩序破坏同样不可估量。科学的进步、技术的发达、环境的恶化、国家之间的联横与合纵等，生活的世界在矛盾交织中充满复杂性和不定性。当下，面对大时代混沌和复杂的新生事物，建筑学处在环境生态失序和人类文明转折的交汇点上，既有对未来的展望，也有对过去的眷恋；既有乐观的憧憬，也有痛苦的抉择。建筑本身对社会形态的诠释、对人类精神的映射、对科学技术的赋能，以及对未来生活的憧憬依然影响深远。

建筑以物质实体显现空间的存在并融入生活日常，在建筑本体的存在面和环境场域的被存在面，面对来自内在和外来多元要素的影响，于技术发达和环境恶化的双重作用下置于内外交困的境地，仍旧存在失序、无序的迷茫。在气候变化和生物多样性丧失等多重危机交织的影响之下，环境和建筑之间存在着复杂的矛盾，可持续发展面临着多极化、去中心化、全球本土化的趋势所带来的严峻挑战。技术的超能将会对社会、经济、生活，以及人本身产生更大、更多的影响。在科技的推动下，数字化、智能化、网络化的手段或会使建筑朝着极端化的方向发展，呈现出虚实难辨的局面。人作为生命的个体，生活在城市之中，其生活中所发生的一切，事件无论大小，故事无论是否精彩，都是社会的日常图景。面对瞬息万变的世界，在设计和被设计中，建筑的本质依然是为人提供服务的空间，建筑的核心仍然是在功能、技术、意义上产生影响，建筑的未来之相也许能于万物中呈现出无极的气象。建筑或至大无外，或至小无内。

于建筑而言，唯一不变的或只有变化。建筑作为人生活的空间，为人服务是其宗旨，也是建筑的初元。建筑的核心是为人服务，但人的功能需求不是一成不变的，除了基本的生理需求之外，人和人的行为也会发生变化，同时由于环境、社会、经济、技术等的影响还会出现新的功能需求，如新的安全需求（公众健康、恐怖袭击、安全防卫）、新的社交需求（数字交付、线上服务、网络交流）。这些变化也在新的时空关系中，影响人的出行方式和空间体验需求。而在后工业化时代，原来的生活空间、工作空间和休闲空间发生了融合、重组和再构，虽然这些变化也带来了建筑功能特质的深化，商业建筑向多体验的商业综合体转化，但以人为本的核心和本质依然如初。在当代信息化社会的背景下建筑要走向未来，在诸多不确定中唯能确定的是建筑作为人的生活空间的基本要求。

建筑的发展在社会、经济、技术的推动下不断演进，其基本点落在技术、功能、意义三点互联所形成的基本面上。建筑技术的核心是材料、构造、结构、机电等所构成的技术系统，并以技术作为建造实现的手段。建筑功能的本质是营造空间环境以满足人们的使用需求，而建筑的意义则是合乎审美需求和进行社会叙事。在技术、功能、意义的衍化和推进中。建筑设计面临着适度与极端、单向与多维、自我与协同的艰难选择，在技术能量、观念认知、功能路线的单极化思想导引下，或走向极端化。片面重视建筑功能，极度关注文化意义，过分依赖技术，都违背了建筑学的基本伦理。建筑必须在技术、功能、意义三维空间中寻求平衡，避开通往未来道路上隐形的极端化陷阱，并进行深层次的整合、融合，最终形成新的面向未来的具有正向赋能的建筑学内涵。只有这样，建筑设计才能走上持续发展之路。

在科学技术飞速发展的今天，相对论、量子力学、分子生物学大大提高了人们对宏观世界和微观世界的认知，数字化、信息化、网络化改变了人们的生活。小到纳米，大到光年，远到太空，不断刷新着人们对自然的认知极限。科技的进步对建筑的多个维度、多个层次、多个方面都产生了巨大的影响，具体表现在：数字化设计使非线性建筑成为可能，BIM（建筑信息模型）技术促进了建筑设计的演进，VR（虚拟现实）技术促进了新的设计实现；工业化生产成为建设的新趋势，数字化材料加工等工艺进一步提高了建设技术水平，也成为非线性建筑建设的重要技术支撑；智慧建筑设计在技术的支持下，促进了建筑系统的更新，改变了建筑的使用和运营方式；智能建筑既保证了用户体验，又满足了人类的使用需求；社会变化带来了生活的变化，建筑作为社会和生活的容器，从规模到形态，从结构到功能，都被刻上了技术进步和社会发展的深刻烙印。

未来未知，未来已来，面向未来。建筑承载了人们对于今后生存环境的想象与期待。经济、环境、社会、文化作为建筑可持续发展的支柱，在技术的作用下，人、机、数据与环境互动的智慧城市或将成为现实。未来城市一定是包容的、安全的、有韧性的、可持续的，也是智慧的和以人为本的。在城市空间组织方面，围绕城市公共场所，建构分层界面、立体交通、循环利用、资源共享、闭环管理的多维智能交互系统指日可待。在城市社区服务方面，发挥其在城市升级驱动中的重要作用，实现互助共享。在基础设施提升方面，缩小基础设施和技术之间的差距，平衡生活质量和社会福祉。在智慧城市建设方面，把握关键的城市要素，并将其与有影响力的技术相结合，充分发挥 AI 技术、5G 网络等对于推动和赋能城市建设所起的重要作用，将时下最先进的技术知识与实际应用相结合，并逐步促进数字世界与自然世界、智能世界的有机融合，围绕生态环境、智慧城市、绿色建筑、治理服务，推动人文、科技与生态的可持续发展，打造低碳建筑、活力社区和生态城市，实现共建人类命运共同体的美好愿景。

在纷繁复杂的建筑现象背后，快速发展的建筑既坚守着为人服务的本质，体现着空间功能的核心，又呈现出新的变化趋势。从碳基到硅基，在人工智能和元宇宙的语境中，未来建筑是置身于其中的虚幻情境还是处在现实的空间环境中？量子力学打破了物质和意识的无关性，意识或不能从客观世界中被排除，而呈现出一种互补性的存在。当微观粒子不受人为影响时，所有的可能性都将存在。人为的介入会干扰微观粒子测量的结果，导致粒子从一种状态突变为另一种状态。当一个粒子可以同时通过两个狭缝时，客观世界就是所有可能性并存的状态的叠加。当人工智能超越了人类思维，就会引入人类无法想象的量子逻辑。在这个意义上，量子计算是隐藏在我们所见、所触或所经历的世界之外的现实的见证者。当人工智能替代了人类的想象力，人工想象力能否探索出一个无法想象的领域？人类该如何想象超出其思维的事物？怎样的事物能兼具想象力与非人类身份？在人类未知的领域中，是否存在另一个“我们”？如果有一个更好的“我们”，那么我们为什么还需要人类的智性？人工想象力是为谁准备的？人工智能看起来好像是凭空出现的，但其实它一直存在着。在这种情况下，人工智能会成为触碰未来的“另一种”方式吗？一切都无从知晓。

重建新时代的建筑学价值观，不能以碎片化的思考代替整体化的思维，虽然我们认同建筑当顺应时代，相信技术是其不可或缺的重要因子，但这些不是全部，还有环境、文化、生活和常识等等。只有科学没有文明的世界必定是黑暗的，仅有富足的物质也无法搭建人类共同的美好家园，执意用技术法则取代自然法则，也许会给未来埋下各种不可预知的陷阱。

太极而无极，无极之外，复无极也。《金刚经》里说：凡所有相，皆为虚妄，若见诸相非相，即见如来。不管我们看到的是有形的还是无形的，是真实的还是虚拟的，当穿透表象而窥探其本质时就见本来。建筑的未来，至大无外……

2022 年 3 月 15 日，建筑领域的最高奖项——普利兹克奖授予建筑师、教育家和社会活动家迪埃贝多·弗朗西斯·凯雷（Diébédo Francis Kéré）。凯雷来自西非贫困国家布基纳法索的乡村，在德国攻读建筑学后，回到布基纳法索建造众多教育建筑。他在充满着限制和基础条件较差的国家工作，使用地域材料进行建造，以设计为锚点改变社区发展方向，证明了建筑可以超出其使用功能，并产生社会影响力。 普利兹克奖评审团这样评价：弗朗西斯·凯雷在极度匮乏的土地上，开创可持续发展建筑。他既是建筑师，也是服务者，通过美丽、谦逊、大胆的创造力，清晰的建筑语言和成熟的思想，改善了地球上一个时常被遗忘的地区中无数居民的人生，给人带来建筑学科范畴之外的馈赠，凯雷坚守了普利兹克奖项的使命。凯雷用他的建筑实践告诉我们，在科技发展的速度超常的当下，回归建筑的本原仍然是建筑师坚守的底线，这种至小无内或许是对至大无外的另一种诠释。

▶ 筑道 / 运斤札记

参考文献

[1] 孟建民 . 本原设计观 [J]. 建筑学报，2015(3)：9-13.
[2] 崔愷 . 关于本土 [J]. 世界建筑，2013(10)：18-19.
[3] 沈中伟，杨青娟 . 万维、三维与零度——当下建筑学发展的关键词解析 [J]. 新建筑，2017(3)：30-33.
[4] 崔愷 .1999—2009 中国建筑创作回顾 [J]. 建筑学报，2009(9)：47-48.
[5] 郭卫兵 . 本真的地域性 [J]. 城市建筑，2016(34)：3.
[6] 顾汀 . 传统的未来——中国建筑传统的“大乘”与再生 [J]. 建筑与文化，2018(10)：44-45.
[7] 秦佑国 . 中国建筑呼唤精致性设计 [J]. 建筑学报，2003(1)：20-21.
[8] 孟建民 . 建筑设计的本原论初议 [N]. 中国建设报，2015-11-02(004).
[9] 李蕾 . 建筑与城市的本土观 [D]. 上海：同济大学，2006.
[10] 蒋欣 . 中国本土建筑的发展及思考 [J]. 重庆建筑，2014(1)：43-44.
[11] 戴秋思，刘春茂 . 重拾传统 应对当下——全球化背景下的本土建筑创作思考 [J]. 四川建筑，2011(4)：54-56.
[12] 杨筱平 . 大道归元——当代本土建筑建构的多元论 [J]. 华中建筑，2020,38(4)：95-97.
[13] 孟建民 . 做回归本原的建筑 [N]. 中国建设报，2016-05-23(004).
[14] 阎波 . 中国建筑师与地域建筑创作研究 [D]. 重庆：重庆大学，2011.
[15] 布正伟 . 建筑设计中的环境意识 [J]. 建筑学报，2001(11)：15-17.
[16] 覃力，卢向东，蒋伯宁，等 . 建筑创作中的技术表现 [J]. 城市建筑，2009(4)：6-9.
[17] 祁斌 . 在时·在地·在人 [EB / OL]. 建筑匠人，2020-09-17.https://new.qq.com/rain/a/20200917A0M0X800.
[18] 李冬冬 . 现代建筑细部演变的影响因素分析 [J]. 建筑师，2009(6)：22-28.
[19] 国粹 . 建筑品质——基于工艺技术的建筑设计与审美 [M]. 北京：中国建筑工业出版社，2015.
[20] 秦佑国 . 建筑技术概论 [J]. 建筑学报，2002(7)：4-8.
[21] 庄惟敏，张维，黄辰晞 . 国际建协建筑师职业实践政策推荐导则：一部全球建筑师的职业主义教科书 [M]. 北京：中国建筑工业出版社，2010.
[22] 于丹 . 于丹 重温最美古诗词 [M]. 北京：北京联合出版社，2018.
[23] 肖毅强 . 基于可持续性的地域绿色建筑设计研究思考 [J]. 城市建筑，2015(31)：21-24.

[24] 中国建设科技集团 . 绿色建筑设计导则 [M]. 北京：中国建筑工业出版社，2021.
[25] 程泰宁 . 语言·意境·境界 [EB / OL]. 每日建文，2017-12-09.https://www.sohu.com/a/209443092_183575.
[26] 郭建祥，阳旭 . 技术与美学：建构视野下的融合与表达 [J]. 当代建筑，2021(10)：23-30.
[27] 李兴刚 . 关于“工程建筑学”[J]. 当代建筑，2021(10)：4-5.
[28] 崔愷 . 呼唤绿色建筑新美学 [EB / OL].2021-9-22.http://m.ce.cn/ttt/202109/22/t20210922_36932979.shtml.
[29] 杨筱平 . 建筑艺术中的空筐建构 [J]. 新建筑，1989(2)：27-28.
[30] 杨筱平 . 天地人和——绿色建筑的核心价值观 [C]2016 第十五次建筑与文化国际学术讨论会论文集，2016.
[31] 杨筱平 . 文心匠意——杨筱平建筑文论选集 [M]. 西安：陕西科学技术出版社，2022.
[32] 梁孟伟 . 诗意栖居 [EB / OL]. 中国作家网，2017-04-07.http://www.chinawriter.com.cn/n1/2017/0407/c404013-29195464.html.
[33] 张思瑶 . 大道至简——浅谈简约主义风格及其影响下的减法设计 [D]. 大连：辽宁师范大学，2011.
[34] 王兴田 . 在地设计——休闲度假酒店的多维视野 [M]. 北京：中国建筑工业出版社，2018.
[35] 邵韦平 . 自由与秩序——基于高性能建筑目标的整体设计思想 [J]. 当代建筑，2022(1)：25-27.
[36] 中国建筑工业出版社，中国建筑学会 . 建筑设计资料集 第 8 分册 建筑专题 .[M]. 北京：中国建筑工业出版社，2017.

附注

筑道／运斤札记是作者从业以来在工程设计实践中对建筑学基本理论的学术思考，相关观点在本人已发表的学术论文中已有体现，相关篇目是对其的深化和系统论述。文中所涉及相关成语或典籍的解释参阅了网络相关文献及资料。初稿完成后，任永杰、田民强、熊玉桦等对其进行了初步审阅和订正，并提供了诸多具有建设性的意见，谨此致谢。

平常建筑

筑　作

设计图档

筑作

筑作，建筑之作。匠心独运，得『意』忘『形』。

拙匠营建，本之为人。造以微狭，得乎天地。

铜川新区道上太阳城　神州数码西安科技园　西北农林科技大学科研主楼　西安理工大学教学主楼　宝鸡火车站广场　西安钻石广场　广州富信广场　西安凯鑫国际大厦　铜川新区汽车客运总站　宝鸡综合保税区综合办公楼　西安神电智能电器工业园　陕西高速——岐山服务区综合服务楼　西安市长安区医院……

铜川新区道上太阳城

项目地点：铜川新区

建筑功能：城市开发综合体（超高层办公楼、高层办公楼、星级酒店、公寓、综合商业）

设计时间：2013 年

建成时间：2020 年

用地面积：71 000 m^2

建筑面积：428 000 m^2

合作建筑师：田民强 李献军

团队建筑师：王宝荣 熊玉桦 李奥励 王希

总体鸟瞰图

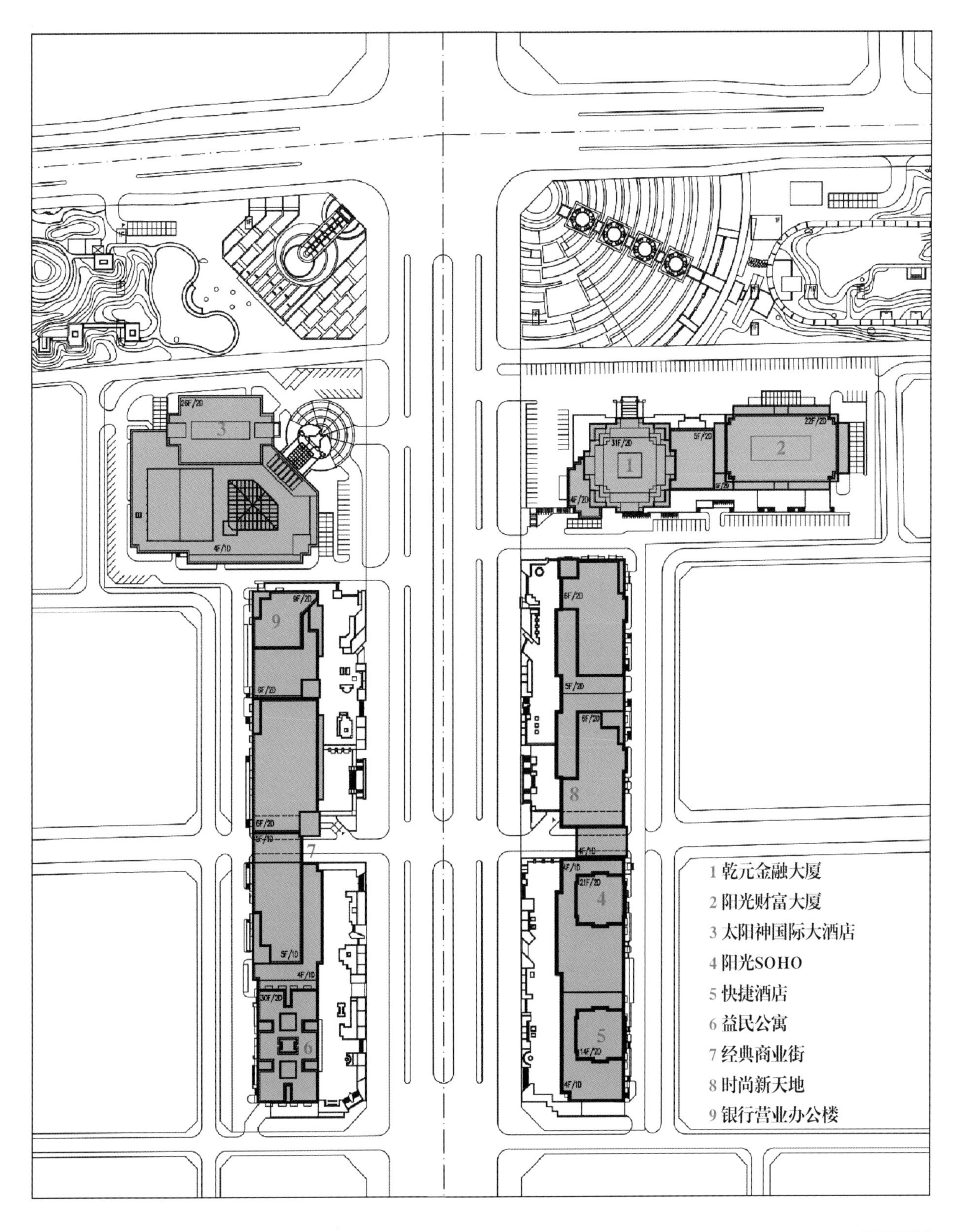
1 乾元金融大厦
2 阳光财富大厦
3 太阳神国际大酒店
4 阳光SOHO
5 快捷酒店
6 益民公寓
7 经典商业街
8 时尚新天地
9 银行营业办公楼

总平面图

乾元金融大厦　阳光财富大厦 透视图

益民公寓透视图

经典商业街透视图

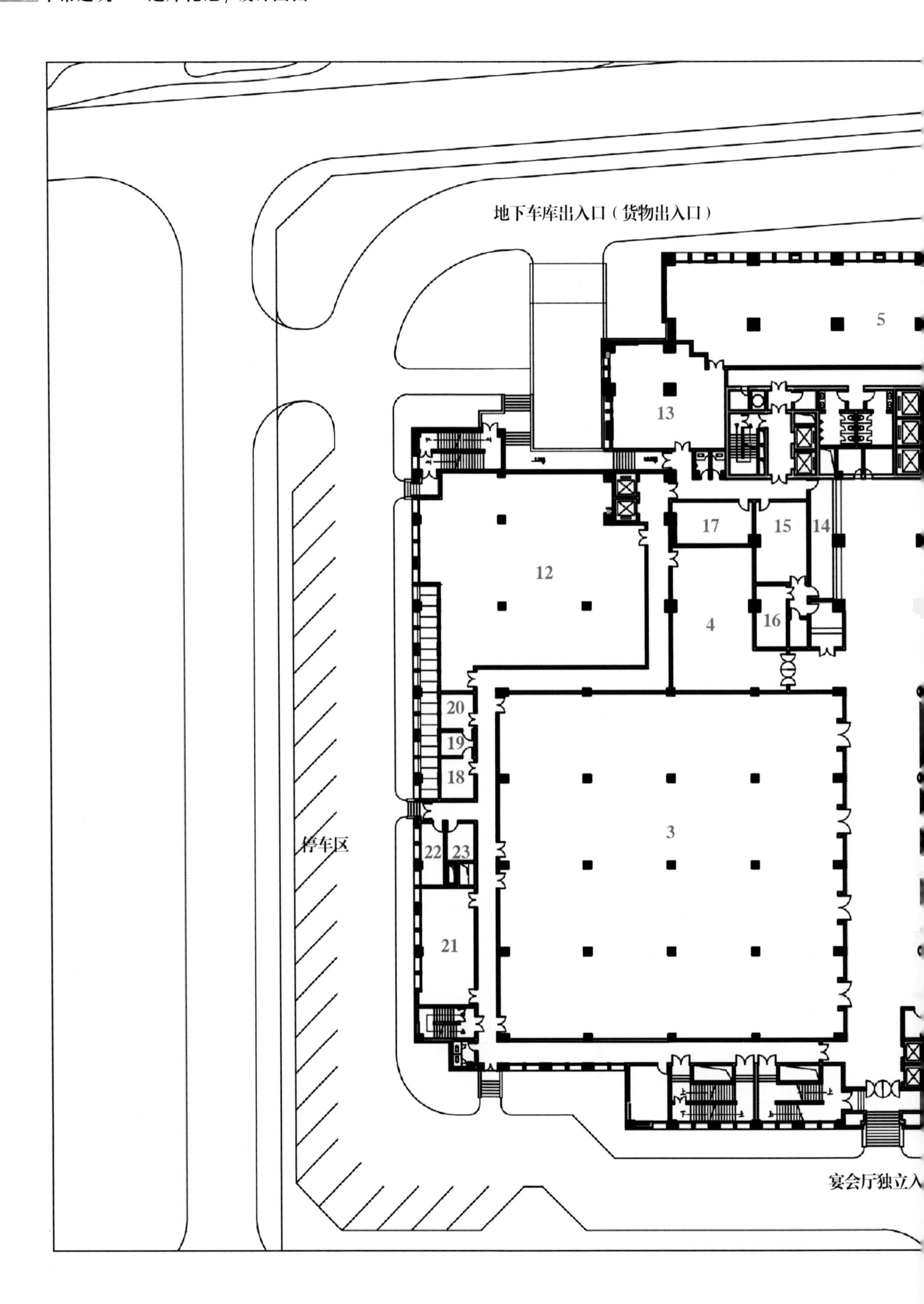
地下车库出入口（货物出入口）
5
13
17
15
14
12
4
16
20
19
18
3
停车区
22
23
21
宴会厅独立入

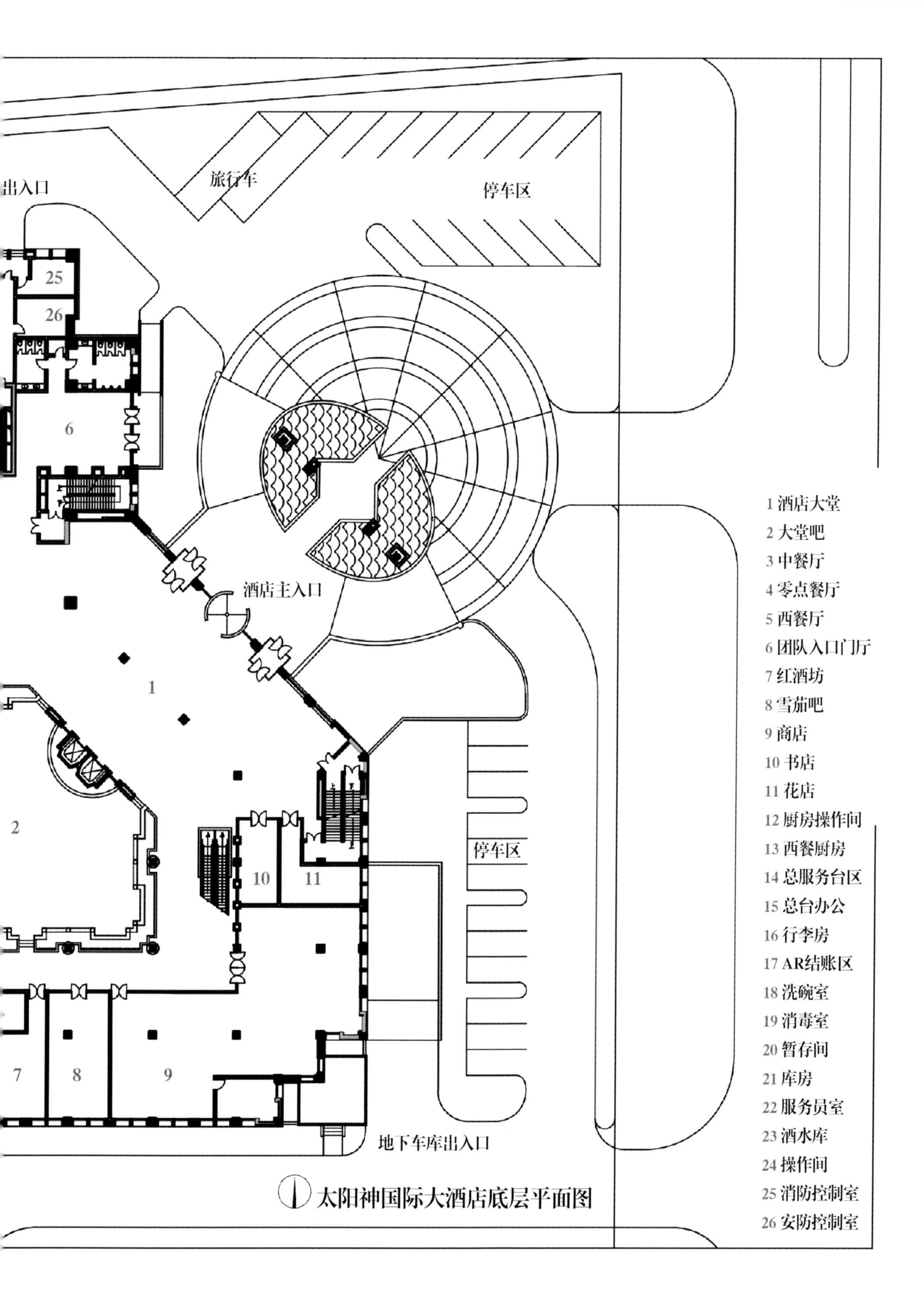

太阳神国际大酒店底层平面图

1 酒店大堂
2 大堂吧
3 中餐厅
4 零点餐厅
5 西餐厅
6 团队入口门厅
7 红酒坊
8 雪茄吧
9 商店
10 书店
11 花店
12 厨房操作间
13 西餐厨房
14 总服务台区
15 总台办公
16 行李房
17 AR结账区
18 洗碗室
19 消毒室
20 暂存间
21 库房
22 服务员室
23 酒水库
24 操作间
25 消防控制室
26 安防控制室

总体夜景鸟瞰图

经典商业街透视图

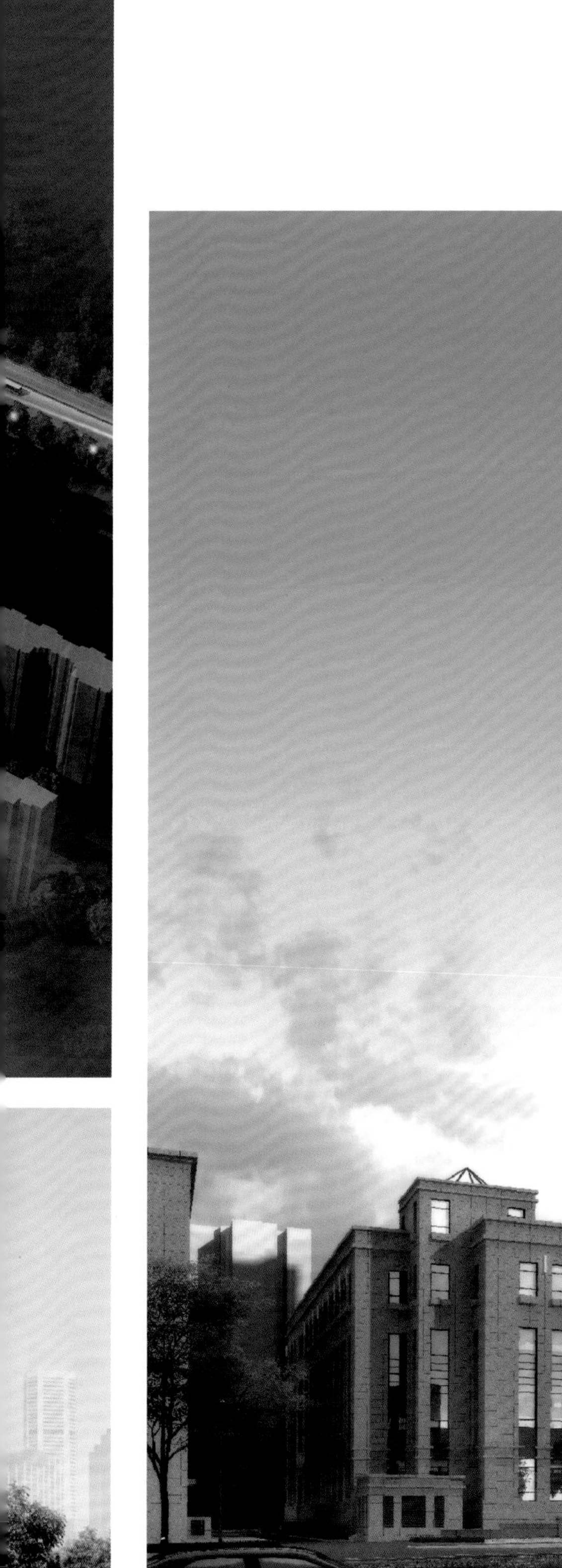

太阳神国际大酒店透视图

嘉童国际
——西安糜家桥小区改造项目

项目地点：西安高新区
建筑功能：商业、办公、住宅
设计时间：2014 年
设计阶段：方案设计

助理建筑师：雷永超

总平面图

局部透视图 1

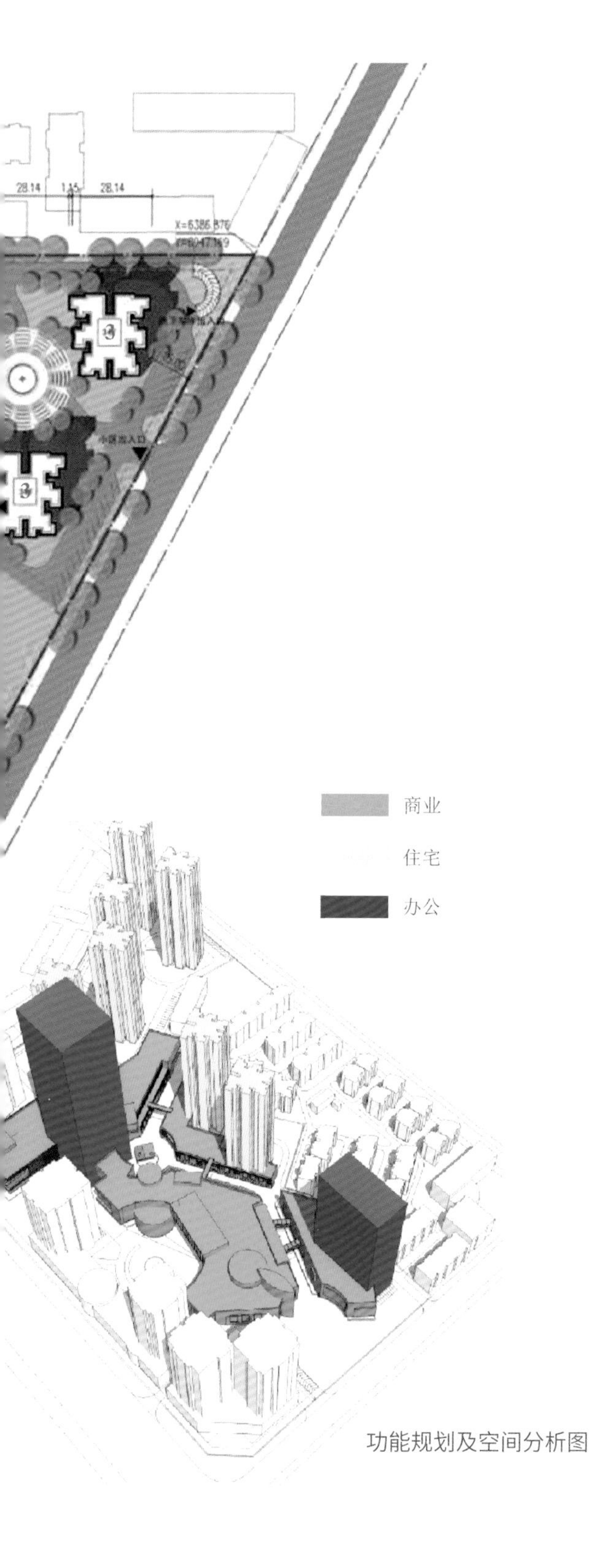

功能规划及空间分析图

局部透视图 2

局部透视图 3

住宅透视图

超高层办公透视图

总体鸟瞰图

总体夜景鸟瞰图

高层办公楼夜景透视图

西安浐灞丝路华商中心

项目地点：西安浐灞
建筑功能：办公、商业、酒店、服务配套
设计时间：2013 年
设计阶段：方案设计
用地面积：27 468 m^2
建筑面积：203 434 m^2

本项目修建性详细规划及概念设计由深圳市欧博工程设计顾问有限公司完成。

总体鸟瞰图

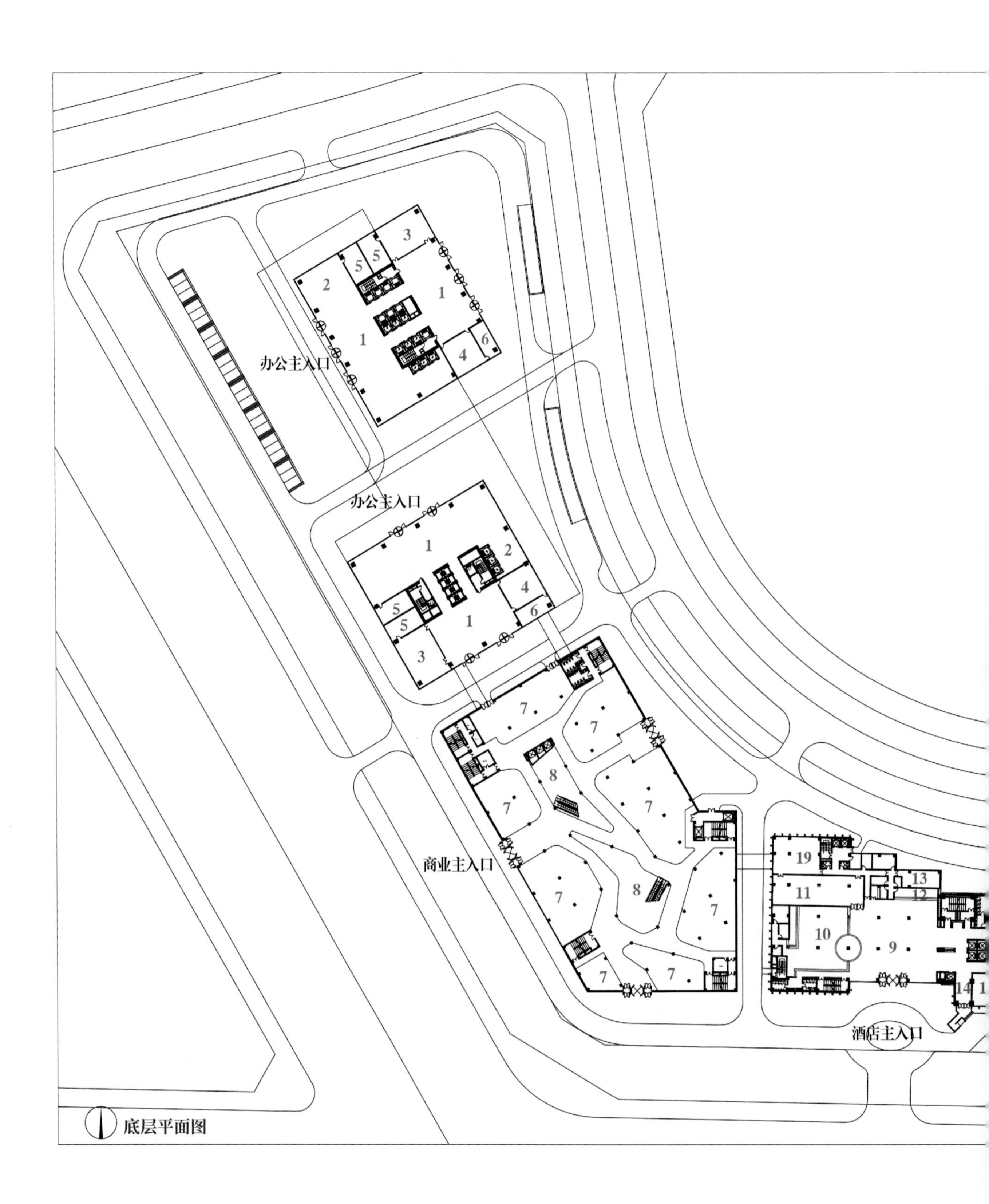

底层平面图

总体透视图

1 办公入口大堂
2 商务中心
3 VIP休息室
4 消防控制中心
5 后勤服务中心
6 值班室
7 商铺
8 中庭
9 酒店大堂
10 大堂吧
11 西餐厅
12 总服务台
13 总台办公室
14 团队入口门厅
15 商务中心
16 商店
17 雪茄吧
18 咖啡屋
19 西餐厨房
20 餐饮推广区
地下功能空间为车库、基建设备用房

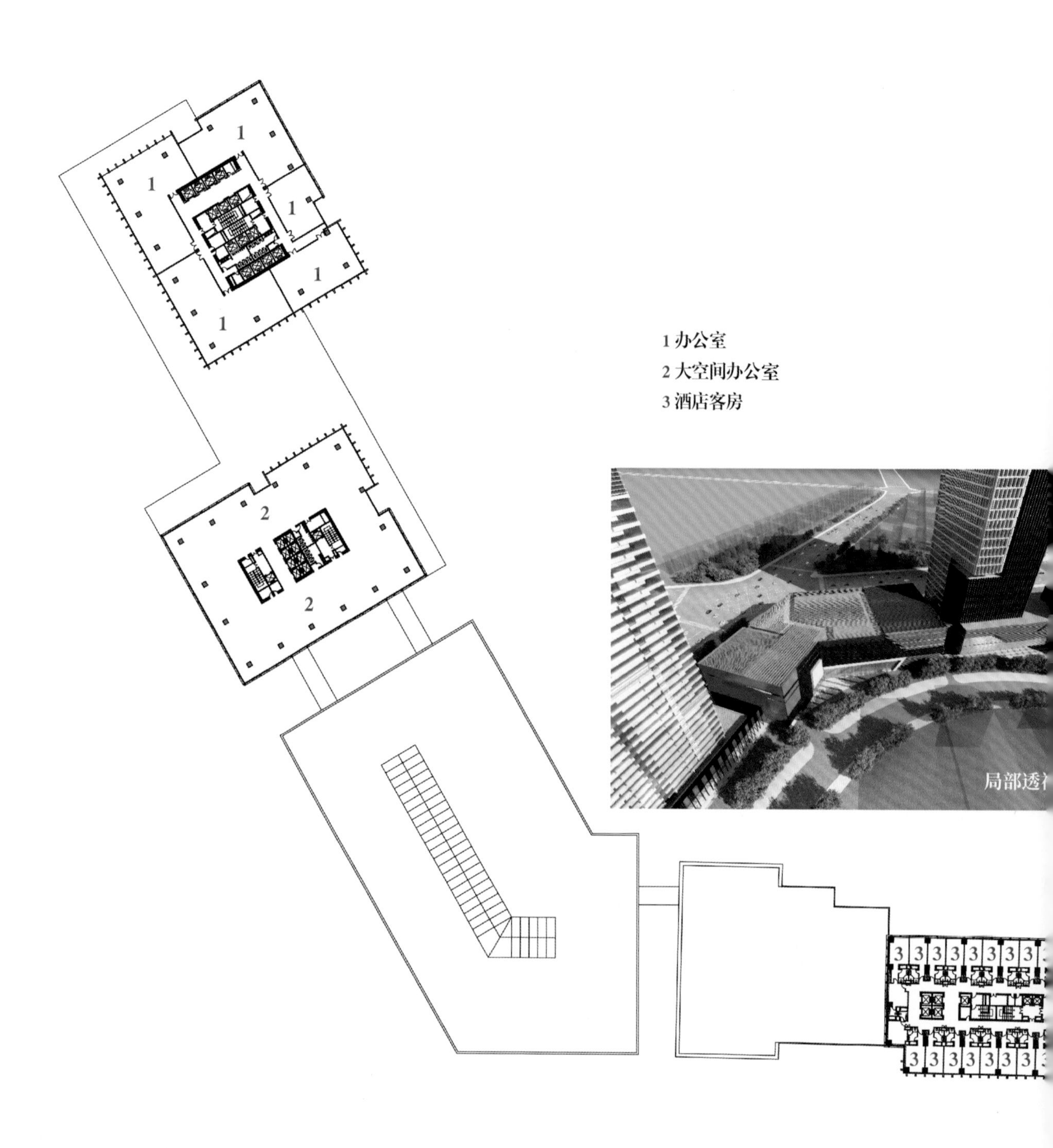

塔楼平面图

总体透视图 1

总体透视图 2

宝鸡保税区会展及商贸中心

项目地点：宝鸡市保税区
建筑功能：会议、展览、商业、办公、管理
设计时间：2015 年
设计阶段：方案设计
用地面积：12 777 m²
建筑面积：126 682 m²

助理建筑师：马楠

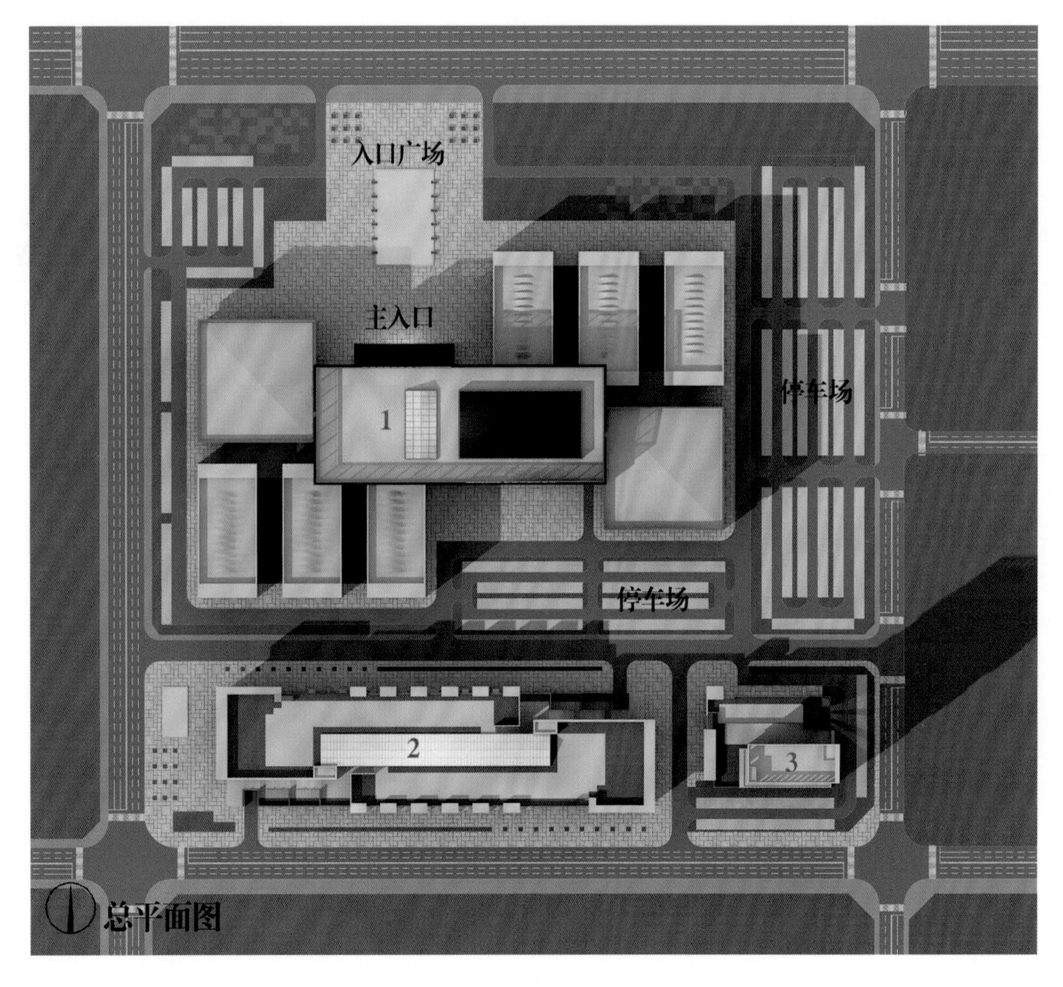

总平面图

1 商贸中心
2 会展中心
3 办公楼

总体鸟瞰图

会展中心透视图

商贸中心透视图 1

商贸中心透视图 2

办公楼透视图

会展中心主入口透视图

神州数码西安科技园

项目地点：西安市高新区
建筑功能：科研办公、学术交流、服务配套、商业配套、科技产品展示
设计时间：2010 年
建成时间：2013 年
建筑面积：180 000 m^2

合作建筑师：田民强 李献军
助理建筑师：王宝荣 杜旭伟

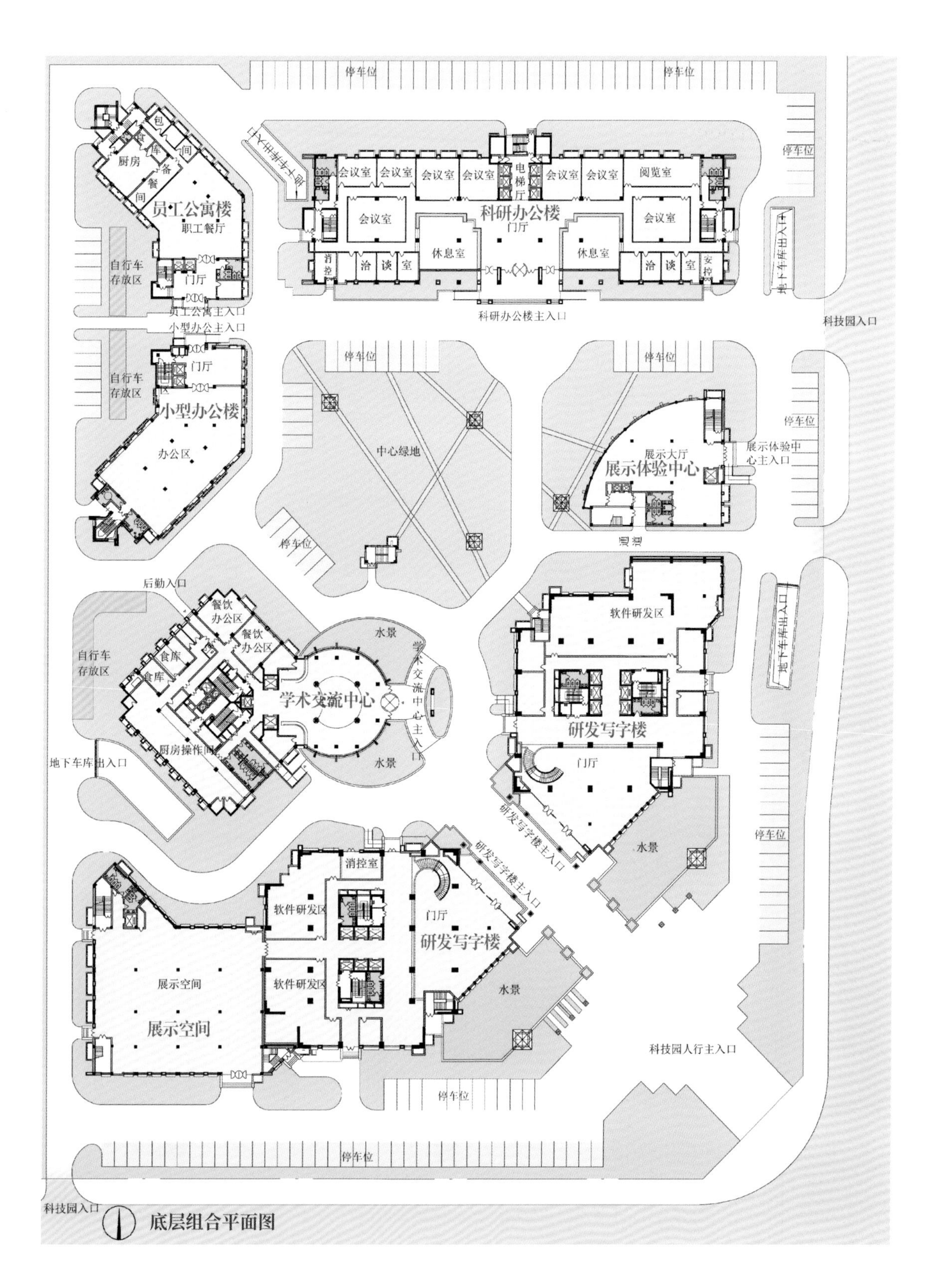

底层组合平面图

体鸟瞰 1

体鸟瞰 2

主入口透视图

总体透视图

内院透视图 1

内院透视图 2

科技产业园内景 1

科技产业园内景 2

沿街透视图

（本项目场景摄影：肖云龙）

西安信息对抗技术产业园

项目地点：西安高新区
建筑功能：研发、办公、生产、实验、学术交流、产品展示、服务配套
设计时间：2020 年
设计阶段：方案设计
用地面积：66 498 m^2
建筑面积：175 000 m^2

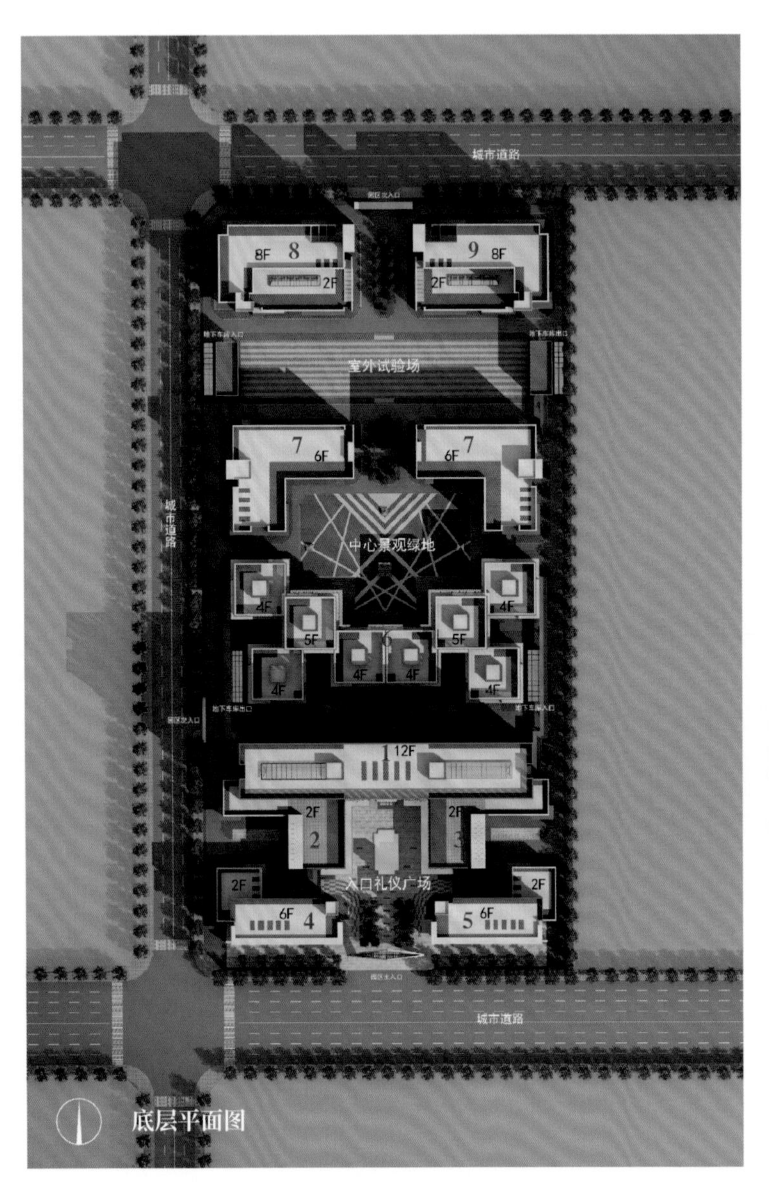

底层平面图

1 科技研发大楼（科技研发、院士工作站）
2 展示体验中心
3 会议交流中心
4 学术交流中心（商务酒店）
5 管理办公大楼
6 产业研发集群（产品研发）
7 产品生产车间
8 实验测试大楼
9 服务配套大楼（食堂、健身房、公寓）
地下功能空间为车库、基建设备用房

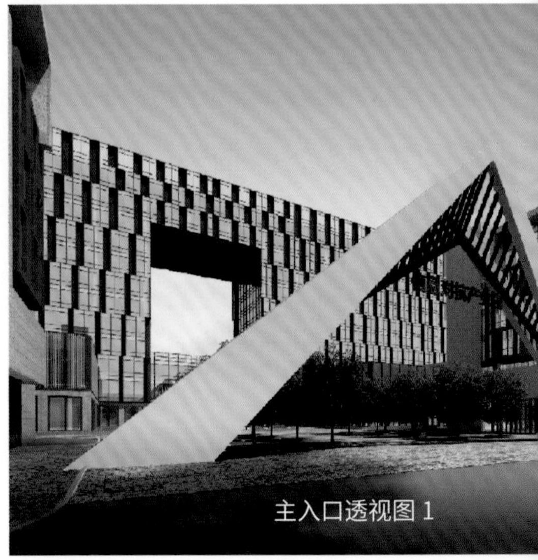
主入口透视图 1

总体夜景鸟瞰图

次入口透视图

局部鸟瞰图

科技研发大楼透视图 1

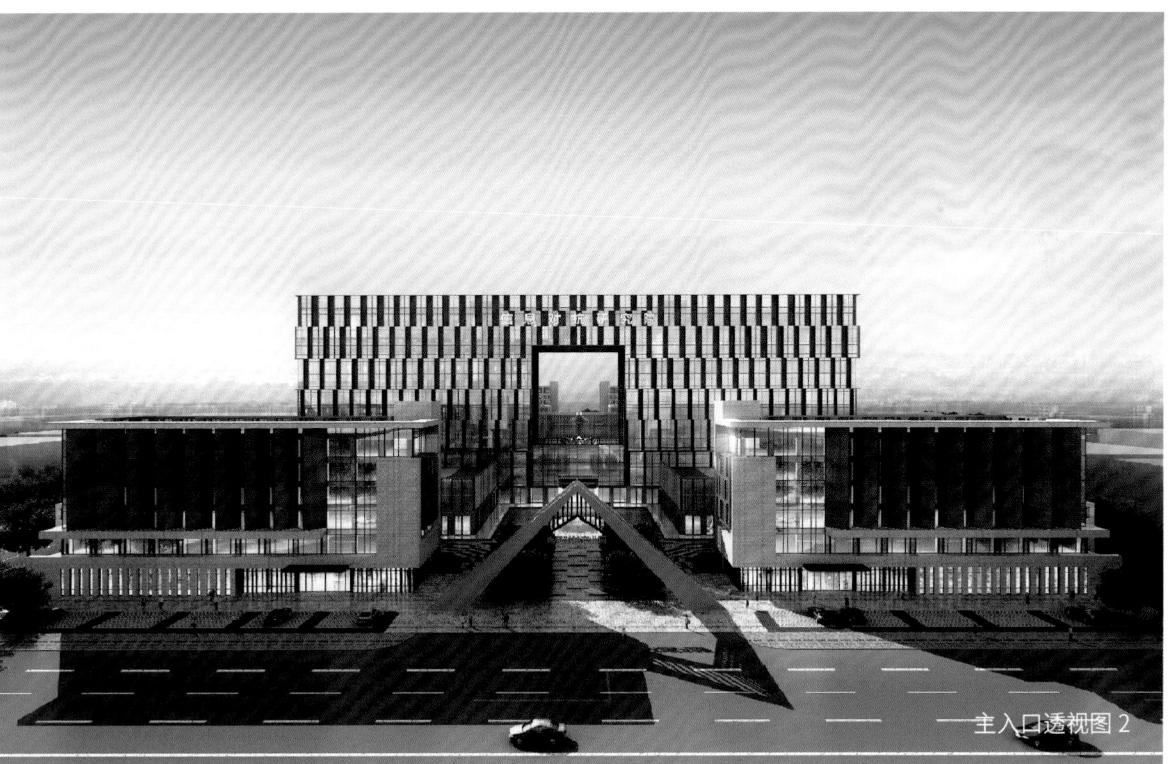
主入口透视图 2

科技研发大楼透视图 2

服务配套楼透视图

总体鸟瞰图

局部透视图 1

局部透视图 2

宝鸡双创科技产业园

项目地点：宝鸡市高新区
建筑功能：科创产业园
设计时间：2015 年
设计阶段：方案设计
用地面积：174 000 m²
建筑面积：310 000 m²

助理建筑师：雷永超

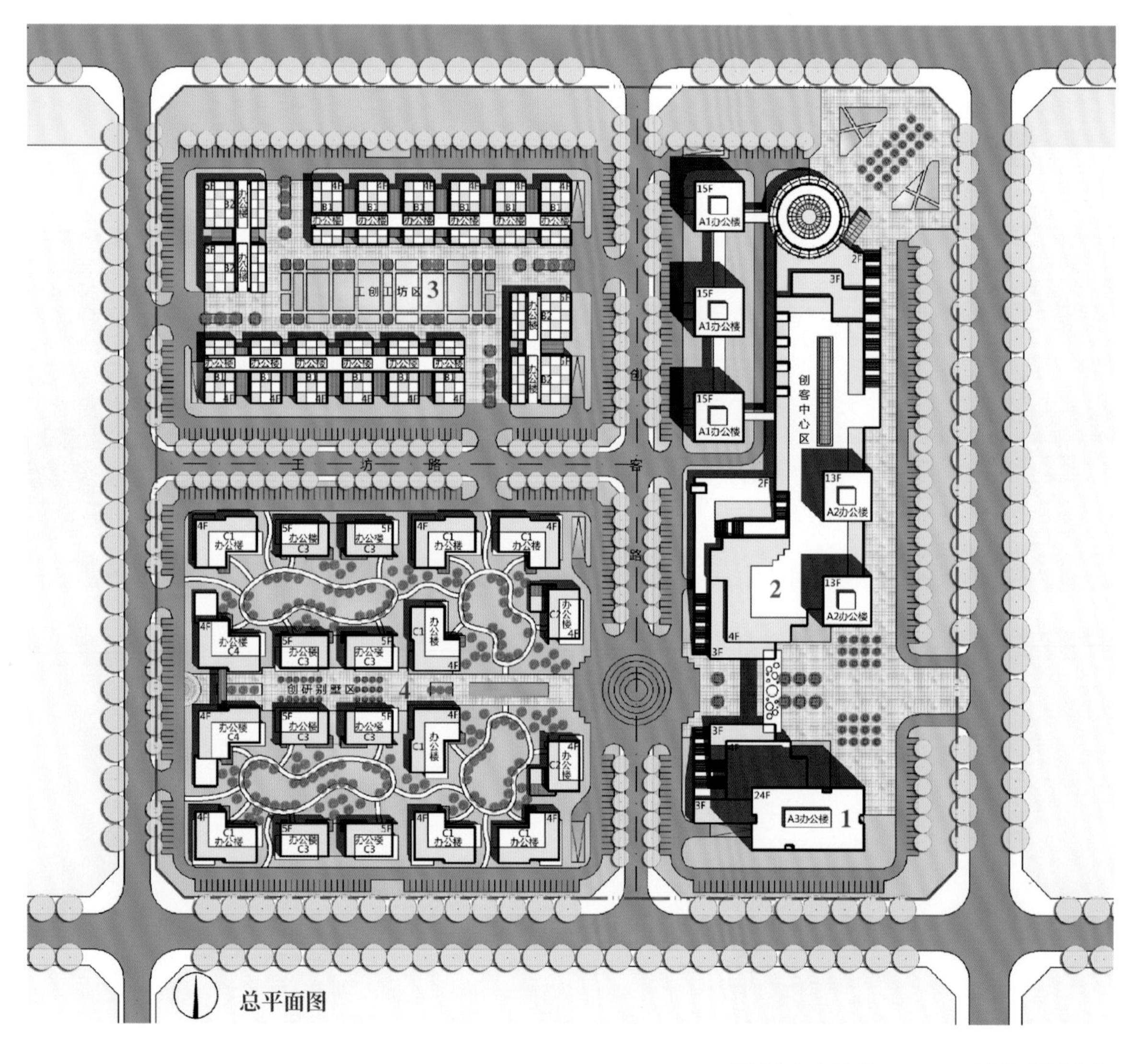

总平面图

1 商务综合办公楼
2 创客中心组团
3 创研工坊组团
4 科创研发组团

总体鸟瞰图

创研工坊内部透视图

科创研发组团内部透视图 1

科创研发组团内部透视图 2

商务综合办公楼透视图

宝鸡陆港智造科创园

项目地点：宝鸡市保税区
建筑功能：科创产业园
设计时间：2015 年
设计阶段：方案设计
用地面积：32 100 m^2
建筑面积：68 840 m^2

助理建筑师：雷永超

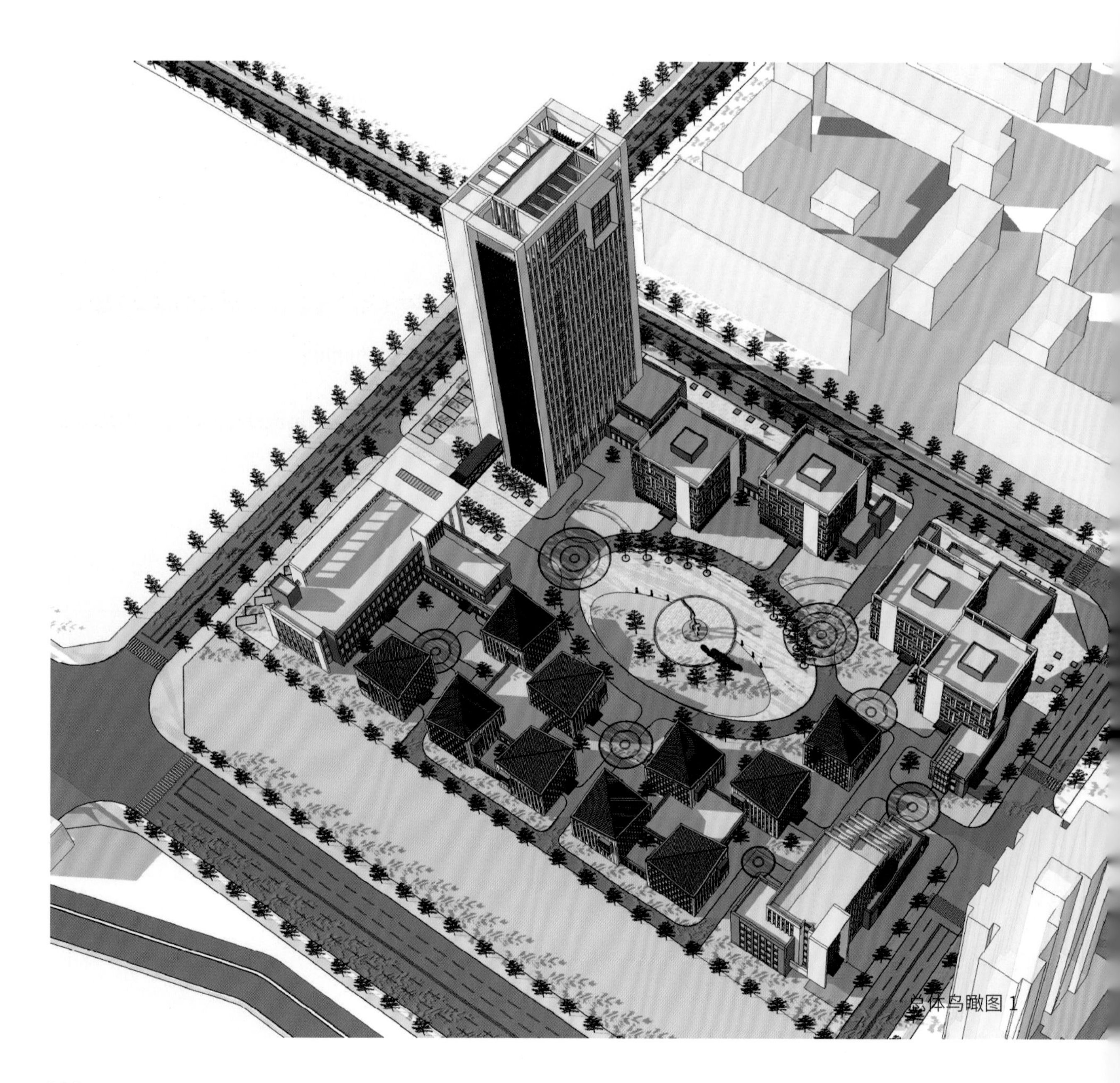

总体鸟瞰图 1

总体鸟瞰图 2

局部鸟瞰图

总体透视图

总体透视图 2

内部透视图

长安尚都
——复合型主题产业园

项目地点：西安市长安区

建筑功能：商务办公、综合商业、技术研发、生产工厂、住宅、公寓

设计时间：2016 年

设计阶段：方案设计

用地面积：324 973 m^2

建筑面积：1 078 800 m^2

合作建筑师：田民强 李献军

助理建筑师：李美玲 马楠 杜旭伟

总体鸟瞰图

局部透视图 1

局部透视图 2

沿街透视图

沿街透视图 2

沿街透视图 1

沿街透视图 3

沿街透视图 4

中国银行客服中心（西安）

项目地点：西安市浐灞生态区
建筑功能：客服办公、会议培训、员工宿舍、餐饮活动
设计时间：2010 年
设计阶段：方案设计
用地面积：45 333 m²
建筑面积：85 600 m²

助理建筑师：王宝荣

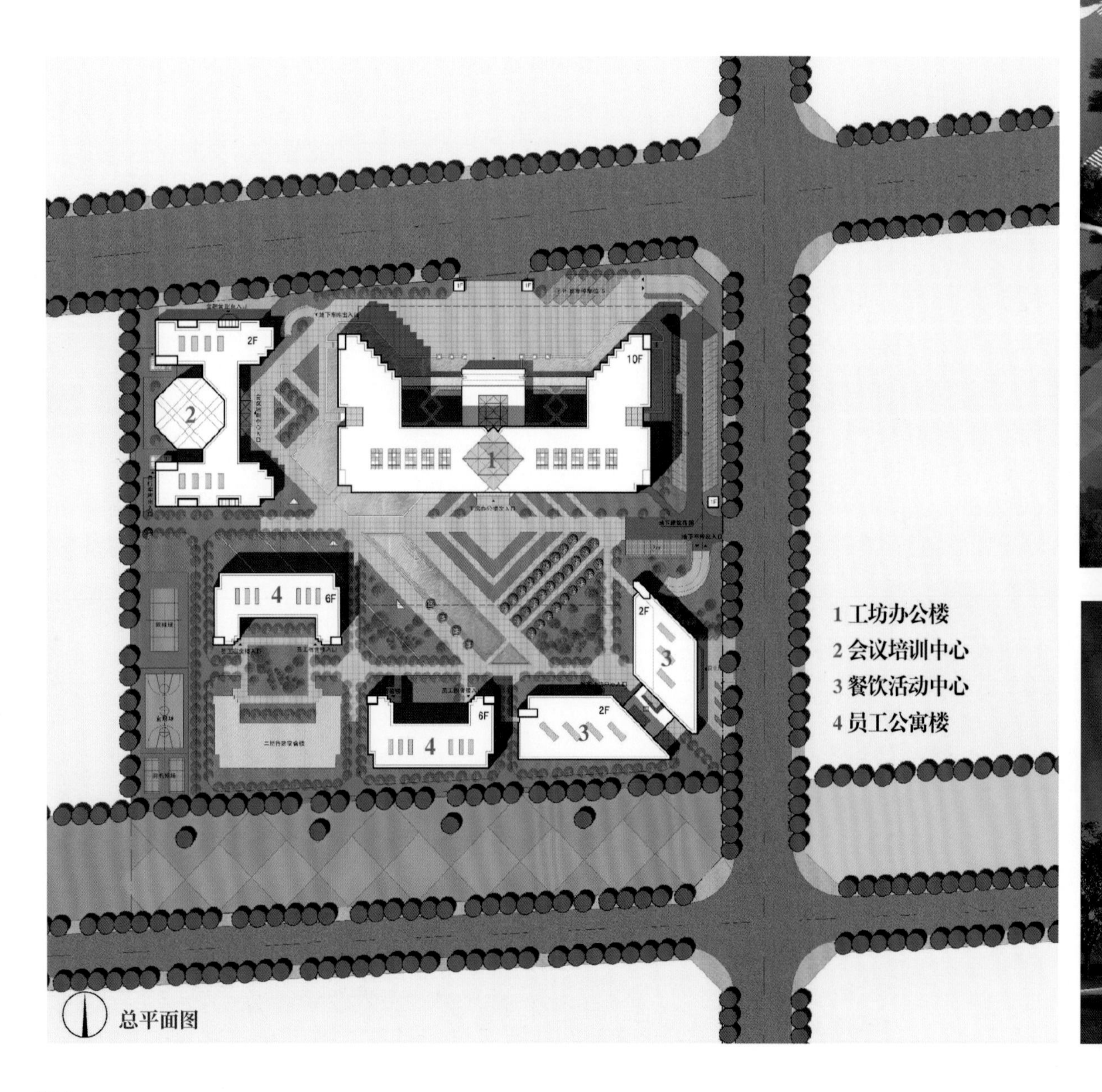

总平面图

总体鸟瞰图

会议培训中心透视图

餐饮活动中心透视图

总体鸟瞰图

工坊办公楼透视图 1

工坊办公楼透视图 2

百川国际旅游大厦

项目地点：西安市未央区
建筑功能：办公、商业
设计时间：2014 年
设计阶段：方案设计
用地面积：12 777 m^2
建筑面积：126 682 m^2

合作建筑师：李献军
助理建筑师：马楠 田晨阳

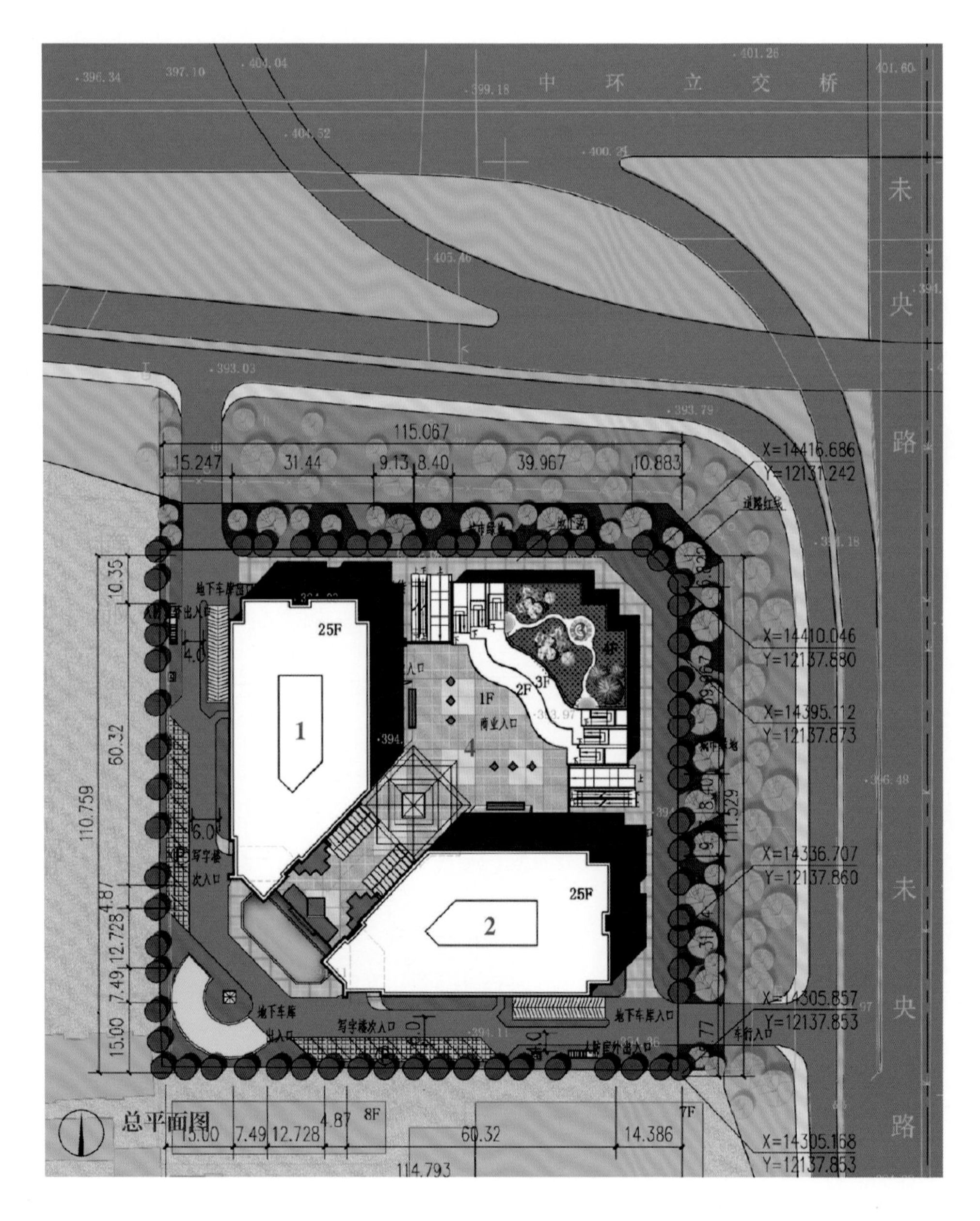

1 1号写字楼
2 2号写字楼
3 商业楼
4 架空平台

总体鸟瞰图

沿街透视图 1

局部鸟瞰图 1

局部鸟瞰图 2

局部鸟瞰图 3

秦汉新城综合写字楼

项目地点：西咸新区
建筑功能：办公、公寓、商业
设计时间：2018 年
设计阶段：方案设计
用地面积：9 770 m^2
建筑面积：64 460 m^2

助理建筑师：王锋伟

沿街透

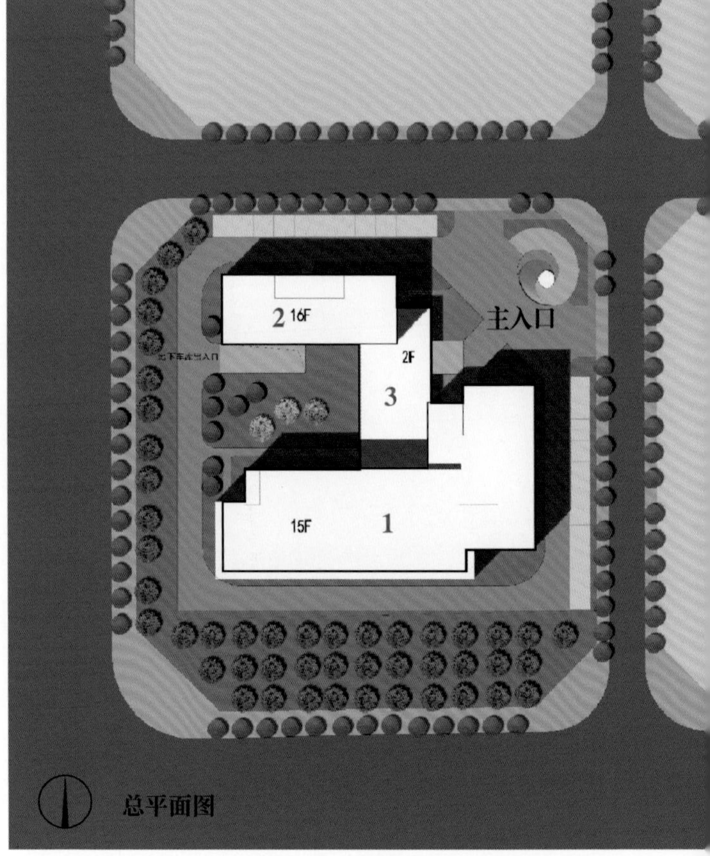

总平面图

1 写字楼
2 公寓楼
3 连接体

总体鸟瞰图

总体透视图

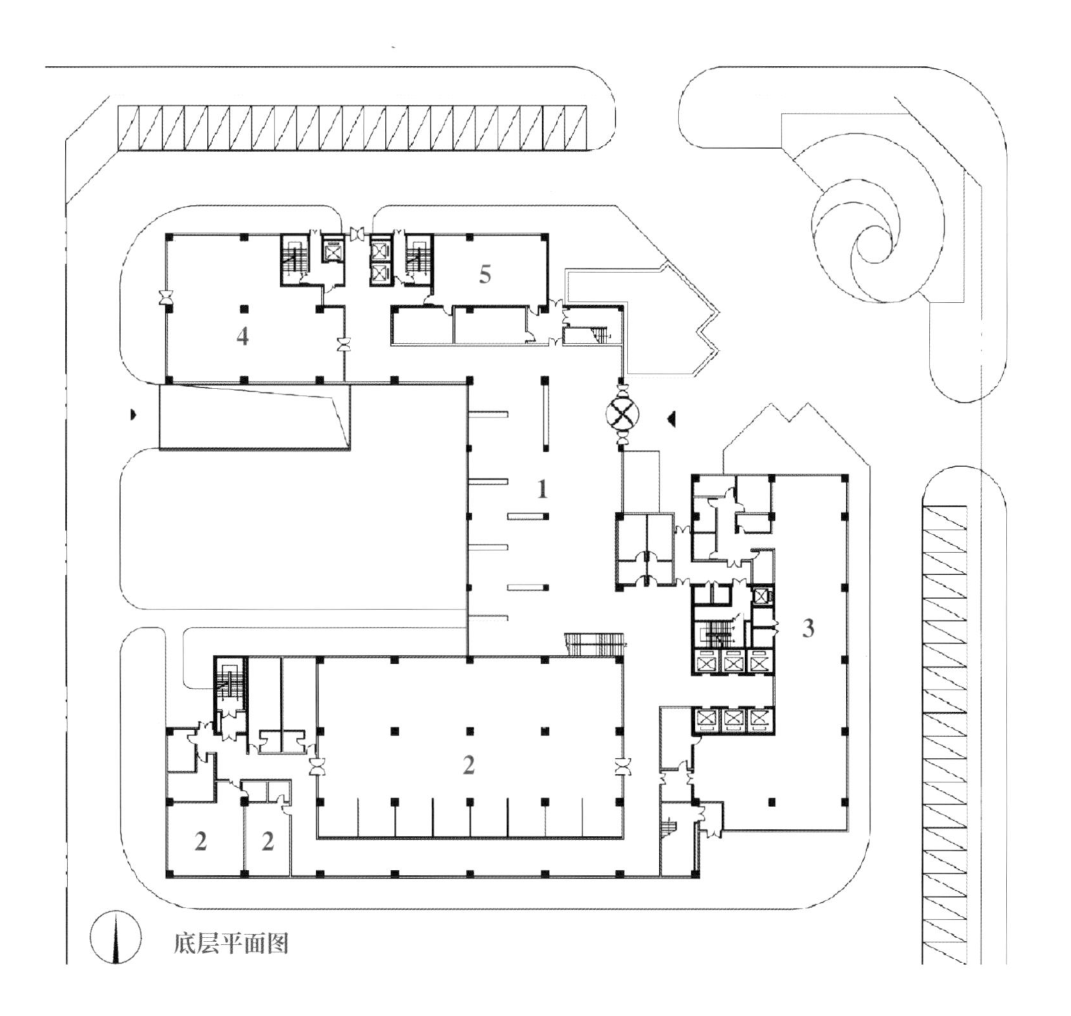

底层平面图

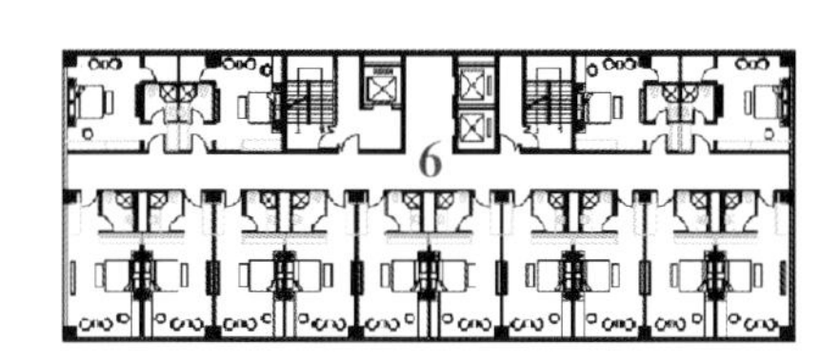

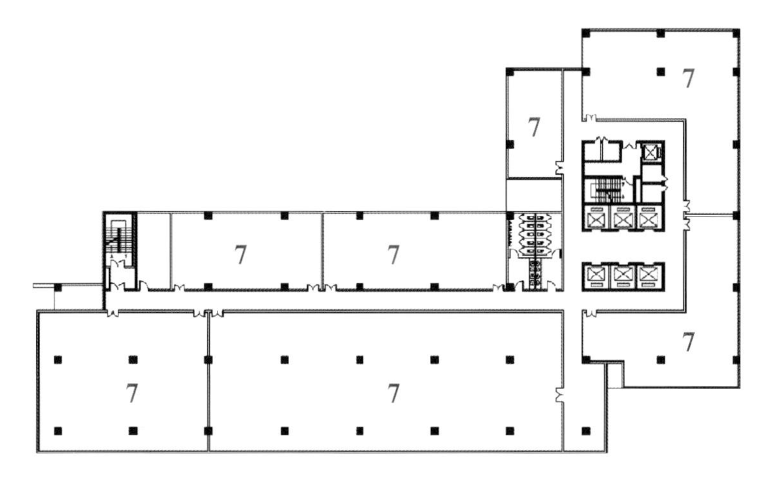

3～15 层平面图

1 企业文化展示区
2 餐厅
3 厨房
4 便利店
5 数据机房
6 公寓
7 办公区

中科遥感西安空间中心 2 号办公楼

项目地点：西安航天基地
建筑功能：研发、办公
设计时间：2017 年
建成时间：2020 年
用地面积：43 780 m^2
建筑面积：30 500 m^2

助理建筑师：杨椰蓁 赵强

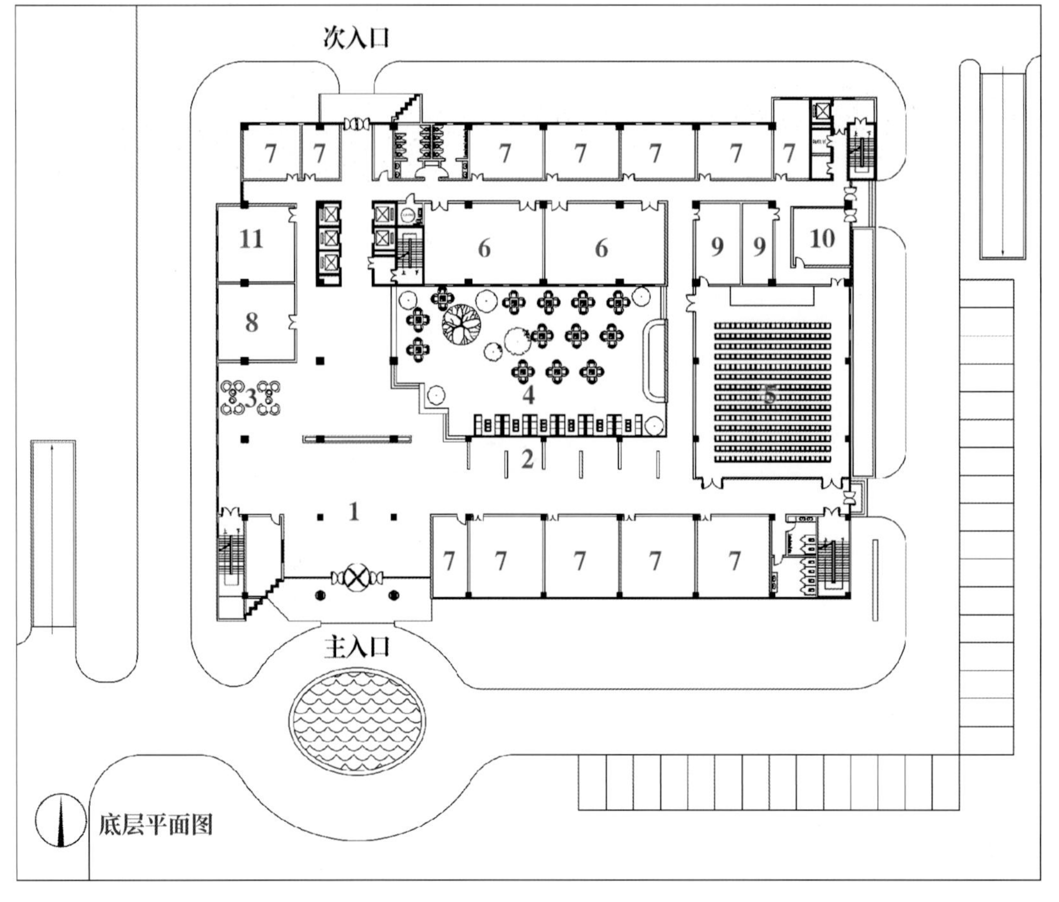

底层平面图

1 大厅
2 展示区
3 休息区
4 咖啡厅
5 大会议室
6 小会议室
7 办公室
8 接待室
9 会议服务用房
10 消防控制室
11 数据机房

总体鸟瞰图

东北向透视图

主入口透视图

东南向透视图

西北向透视图

鸟瞰图

宝鸡综合保税区综合办公楼

项目地点：宝鸡高新区
建筑功能：展示、办公
设计时间：2018 年
建成时间：2021 年
用地面积：5 831 m²
建筑面积：10 435 m²

合作建筑师：李献军
助理建筑师：王锋伟 田晨阳

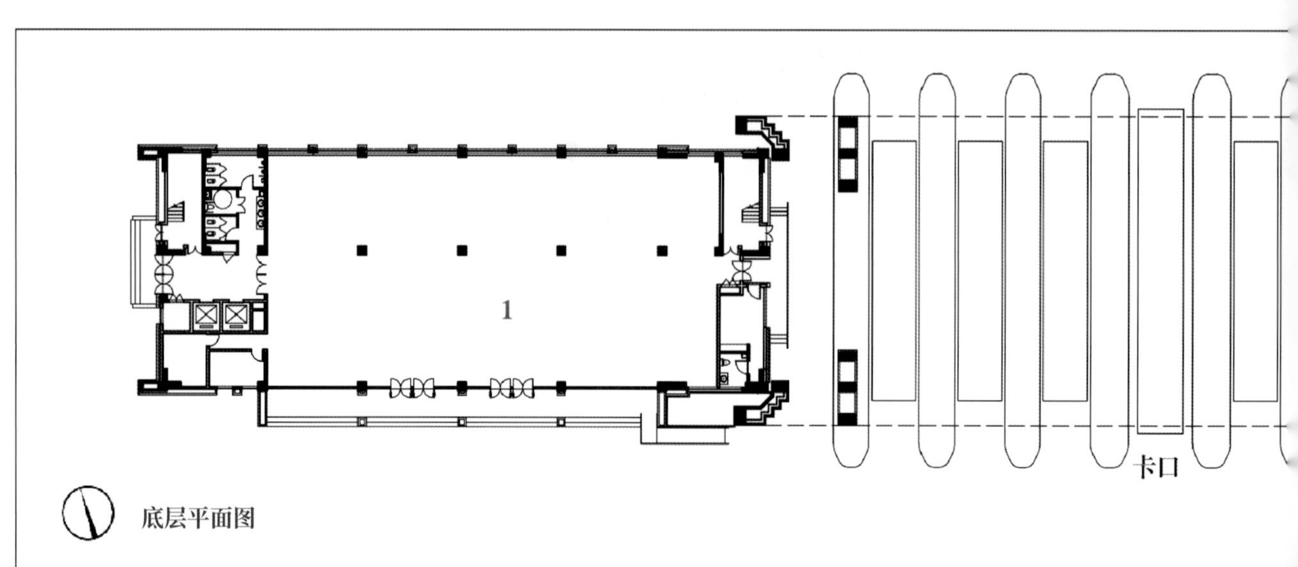

底层平面图

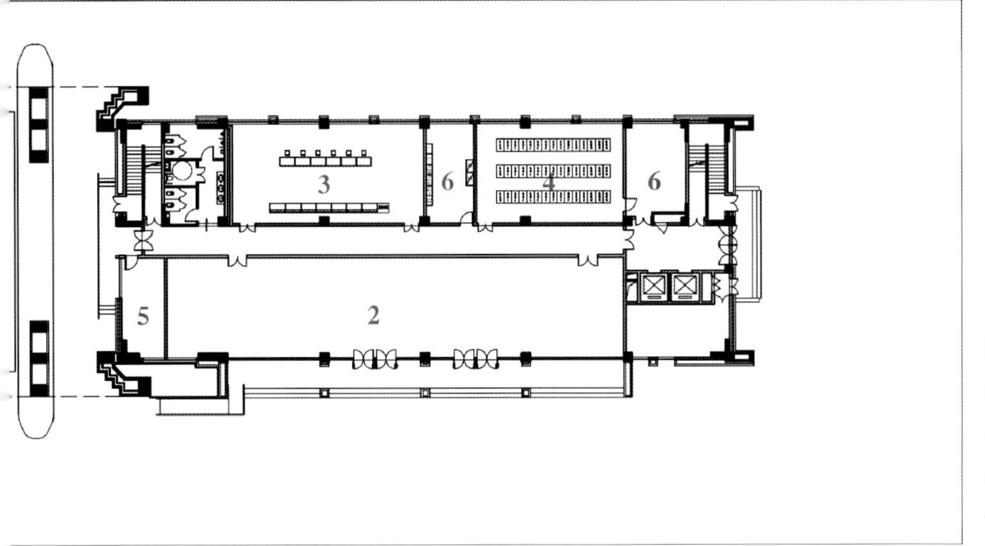

1 展示区
2 办事大厅
3 监控室
4 数据机房
5 卡口监控室
6 办公室

宝鸡综合保税区联检管理服务区

项目地点：宝鸡市高新区
建筑功能：国检 / 海关办公、商务酒店、免税商店
设计时间：2015 年
设计阶段：方案设计
用地面积：56 000 m^2
建筑面积：183 600 m^2

助理建筑师：雷永超

总体鸟瞰图

网外国检查验楼透视图

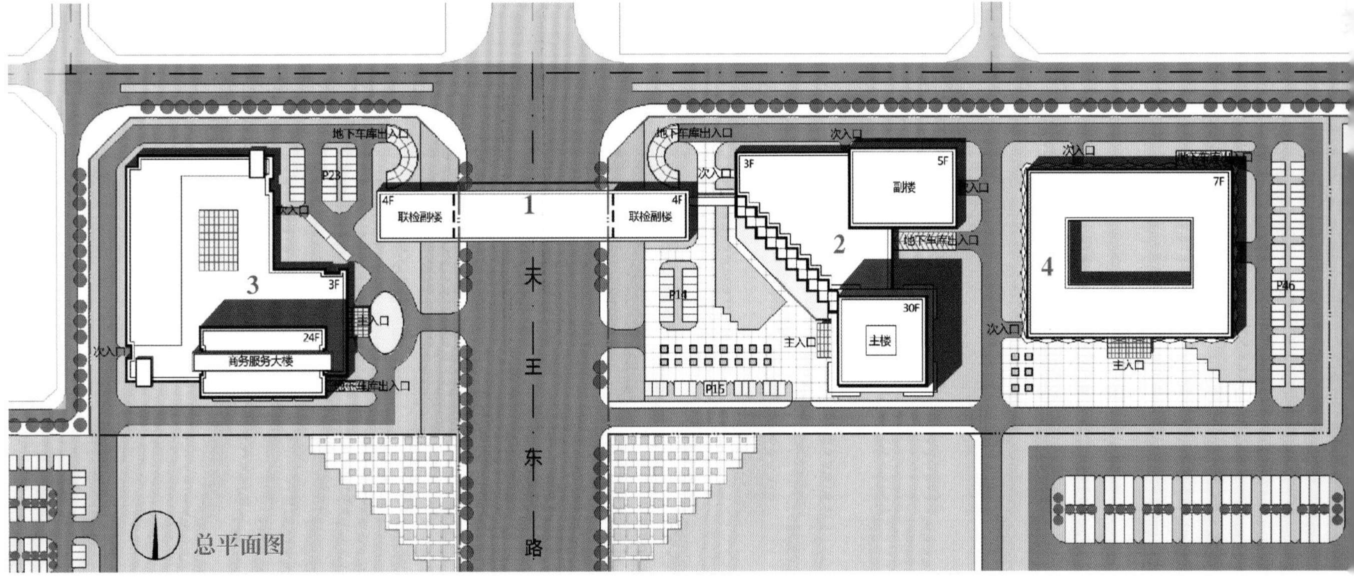

总平面图

1 主卡口
2 联检办公大楼
3 商务酒店
4 网外国检查验楼

西安中心血站科研楼

项目地点：西安市碑林区

建筑功能：科研、办公、培训

设计时间：2014 年

设计阶段：方案设计

用地面积：6 200 m^2

建筑面积：34 500 m^2

助理建筑师：马楠

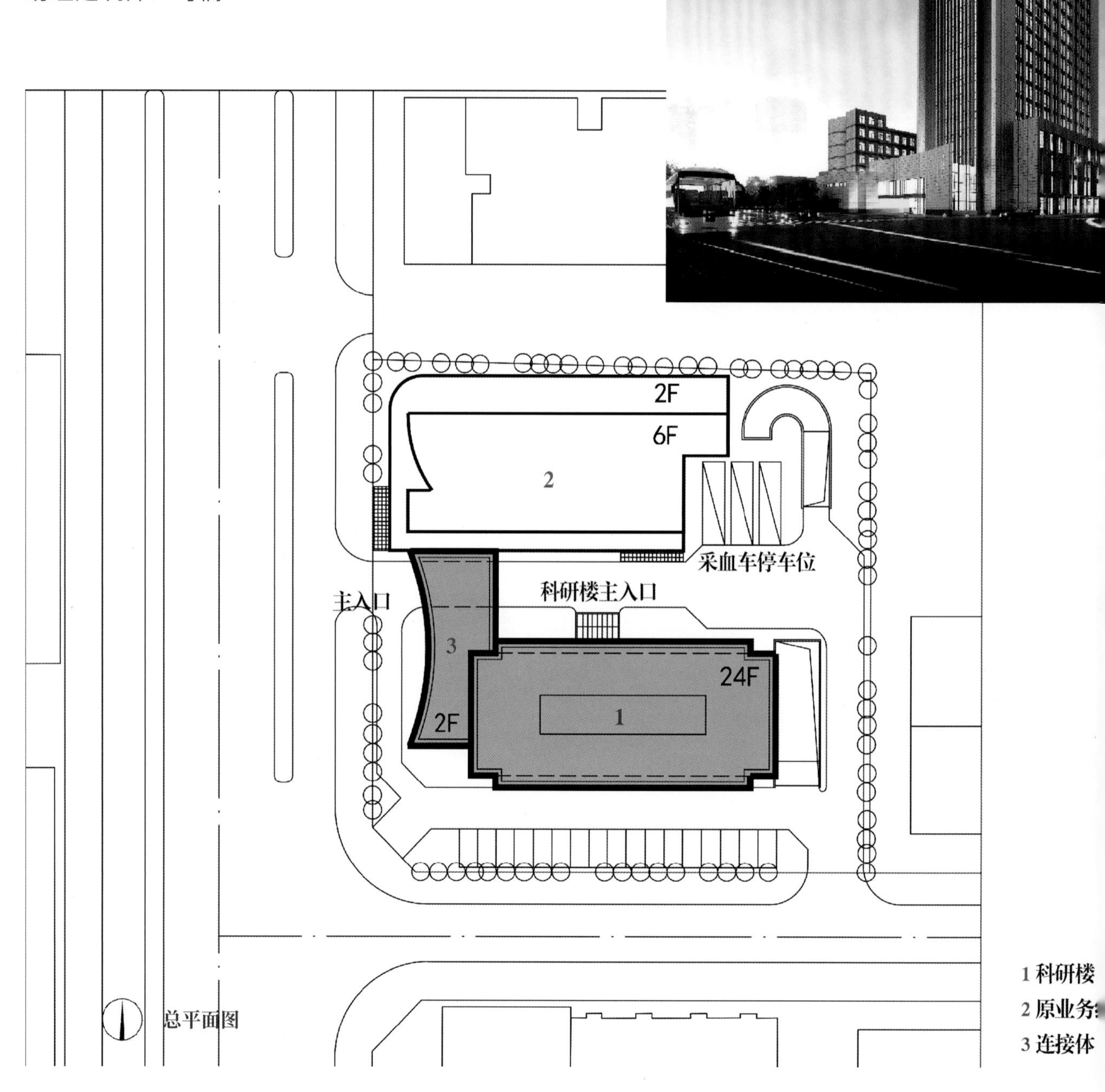

总平面图

1 科研楼

2 原业务

3 连接体

鸟瞰图

温州市鳌江酒店

项目地点：温州市平阳县
建筑功能：星级酒店
设计时间：2013 年
设计阶段：方案设计
用地面积：22 130 m^2
建筑面积：81 020 m^2

助理建筑师：王希

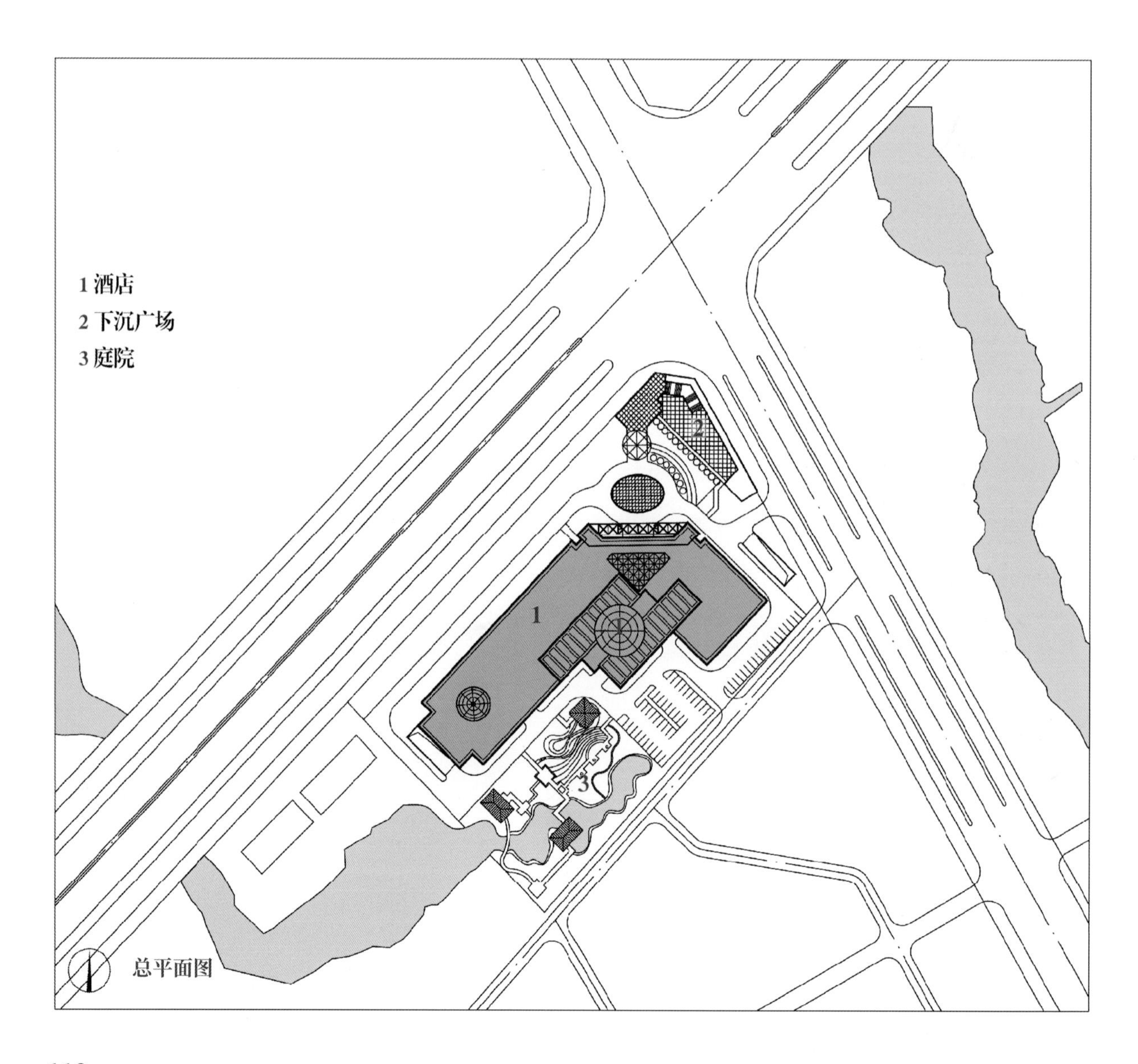

总平面图

透视图

鸟瞰图

主入口透视图

局部透视图

局部鸟瞰图

全民经典——云栖·云里

项目地点：西安高新区
建筑功能：酒店、办公
设计时间：2018 年
设计阶段：方案设计
用地面积：4 030 m^2
建筑面积：30 103 m^2

助理建筑师：王锋伟

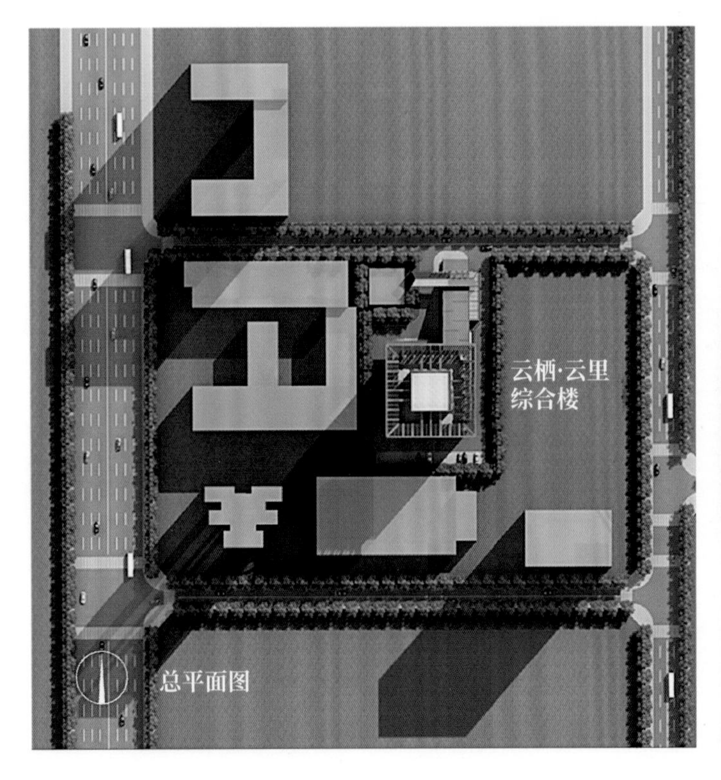

总平面图

鸟瞰

鸟瞰图 2

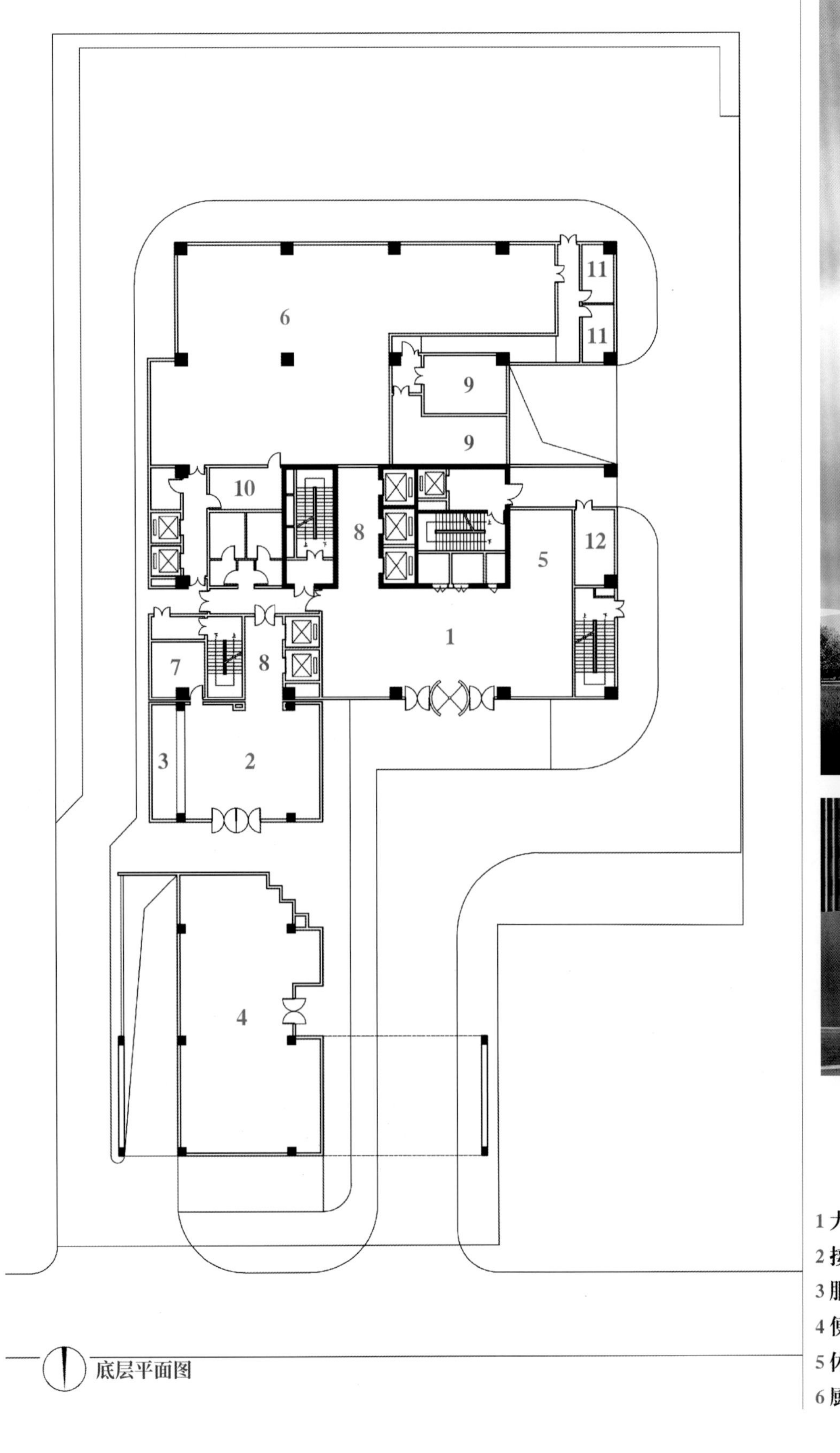

底层平面图

1 大堂
2 接待厅
3 服务台
4 便利店
5 休息厅
6 厨房操作间
7 办公室
8 候梯厅
9 食库
10 洗涤消
11 更衣淋
12 消防控

透视图 1

局部透视图

透视图 2

延安新区欣大商务广场

项目地点：延安新区
建筑功能：酒店、办公、商业
设计时间：2019 年
设计阶段：方案设计
用地面积：6 990 m^2
建筑面积：17 500 m^2

助理建筑师：王锋伟

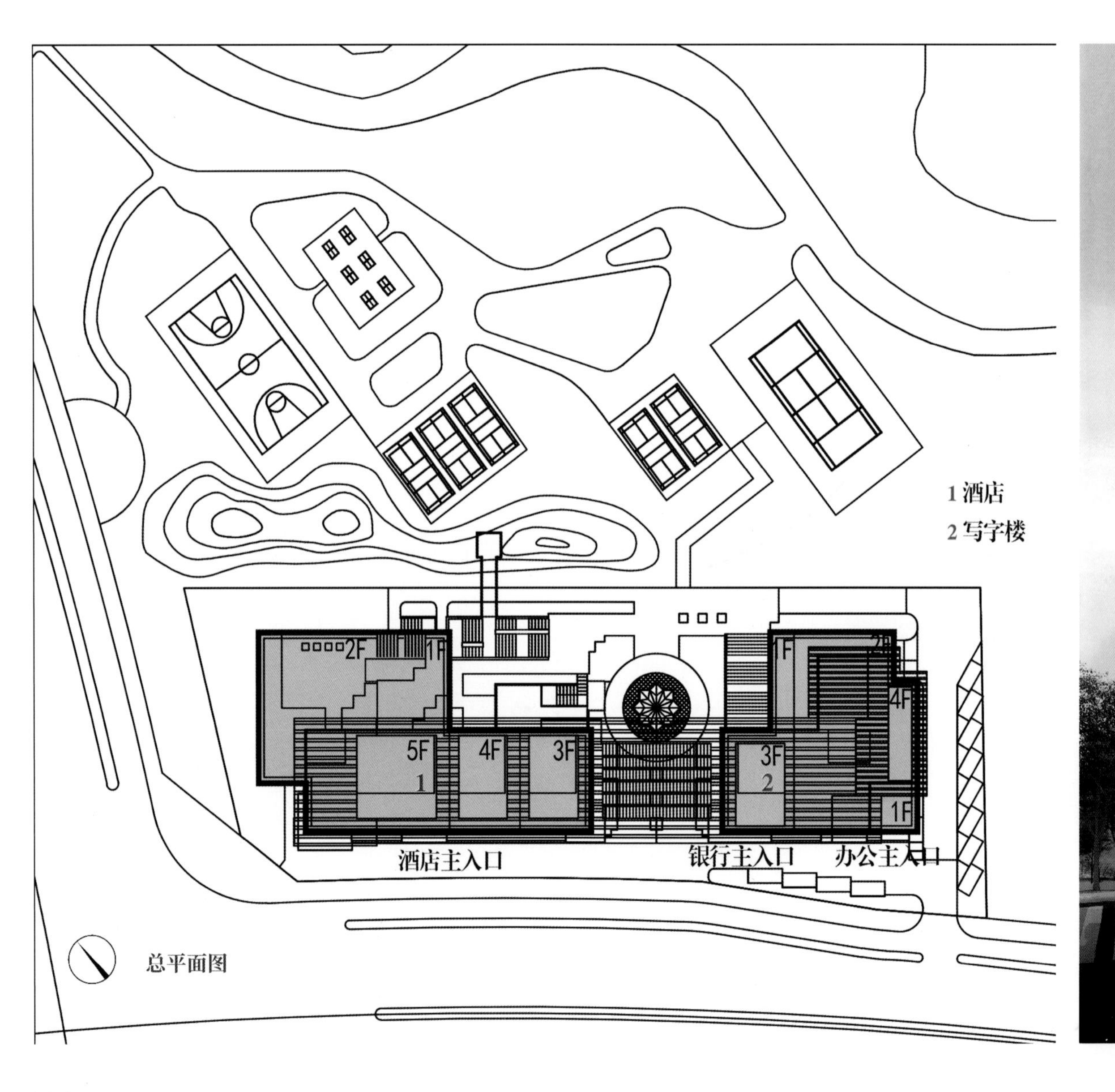

总平面图

透视图 1

局部透视图 1

局部透视图 2

总体鸟瞰图 1

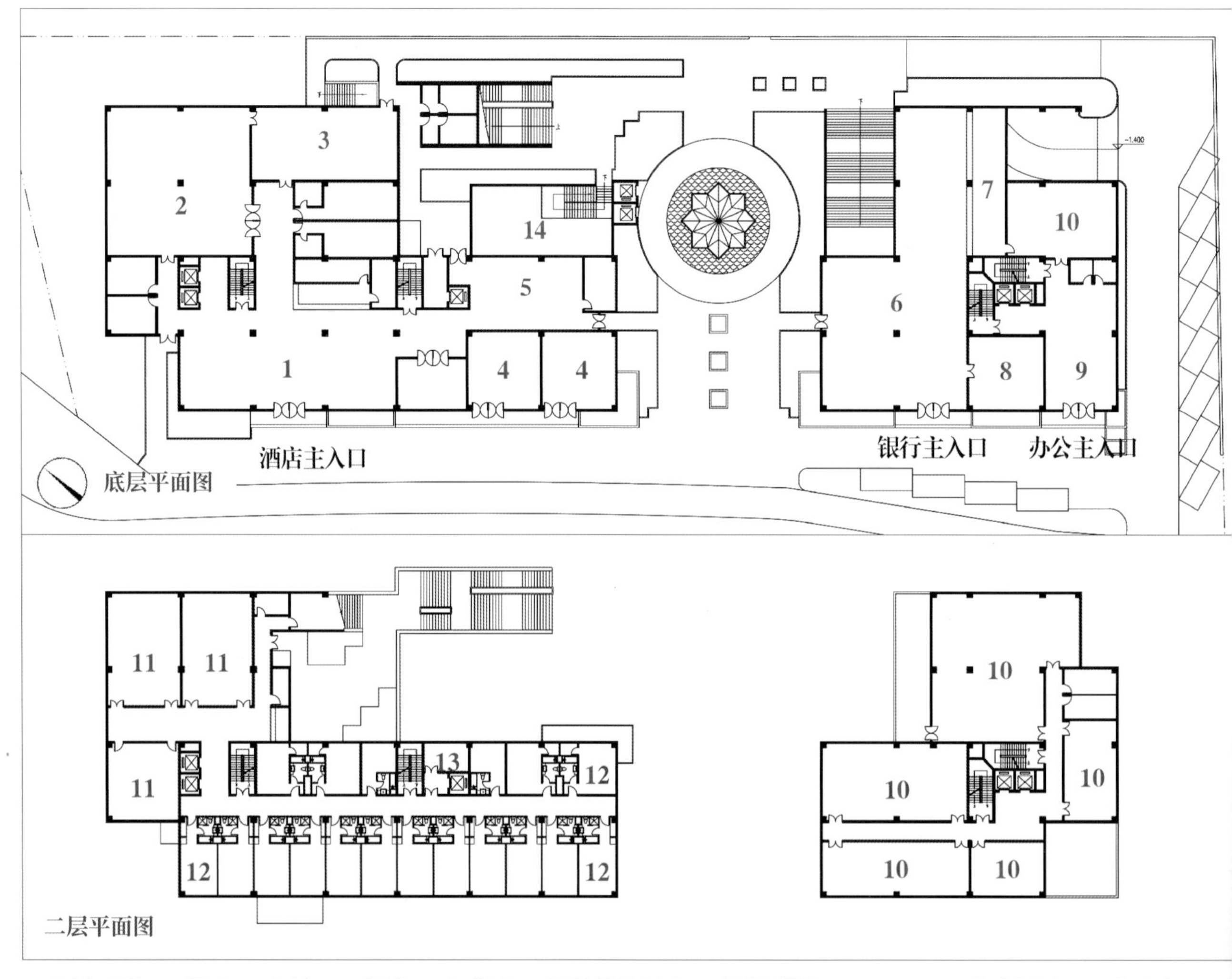

1 酒店大堂 2 餐厅 3 厨房 4 商铺 5 咖啡厅 6 银行营业大厅 7 营业厅柜台 8 ATM 9 办公门厅 10 办公室 11 会议室 12 客房 13 布草间 14 下沉广场

透视图 2

鸟瞰图 2

雍城酒肆——凤翔酒文化商业街

项目地点：宝鸡市凤翔县
建筑功能：商业
设计时间：2016 年
设计阶段：方案设计
用地面积：21 200 m^2
建筑面积：19 740 m^2

助理建筑师：雷永超

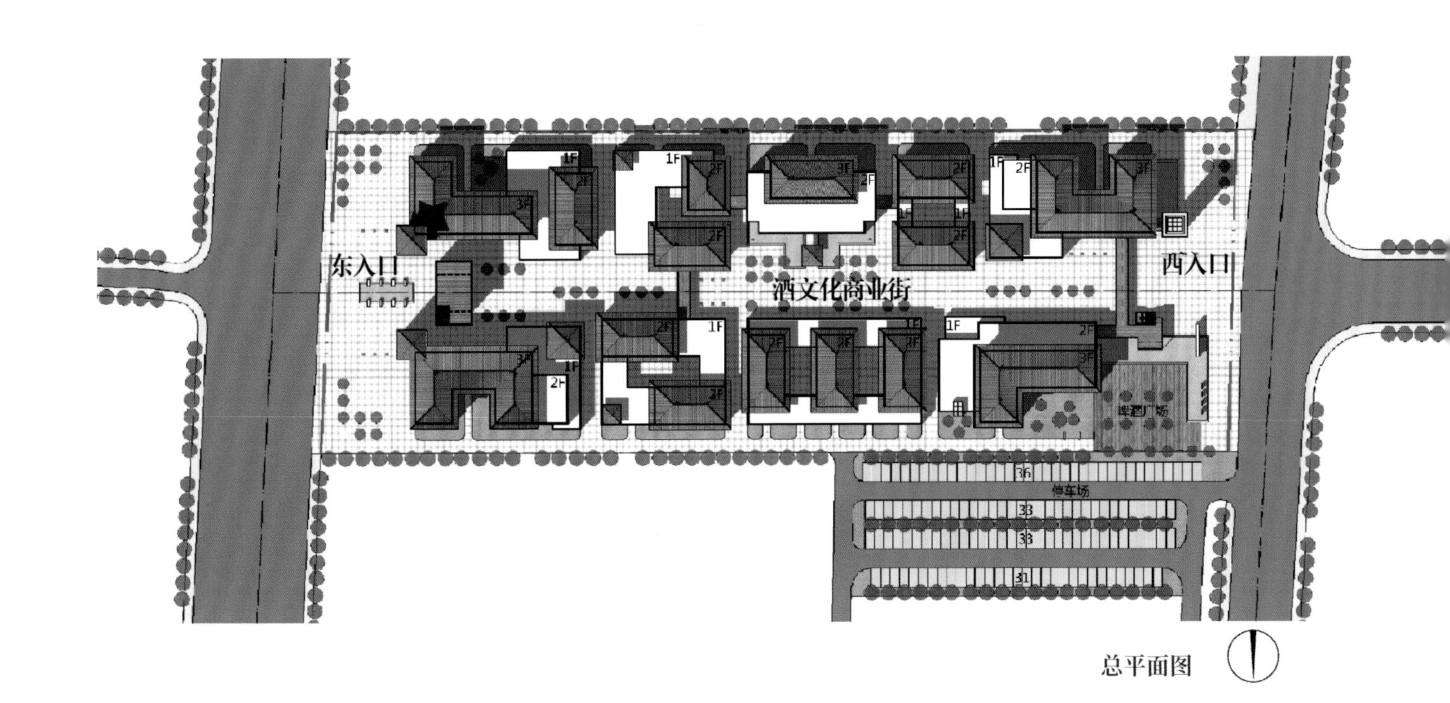

总平面图

总体鸟瞰图 1

西入口透视图 1

东入口透视图 1

街景透视图 1

街景鸟瞰图

总体鸟瞰图 2

西入口透视图 2

街景透视图 2

街景透视图

街景透视图
内街透视图

东入口透视图 2

西安理工大学教学主楼

项目地点：西安市新城区
建筑功能：教学、实验、科研办公
设计时间：2000 年
建成时间：2002 年
建筑面积：28 000 m^2

合作建筑师：田民强 李献军

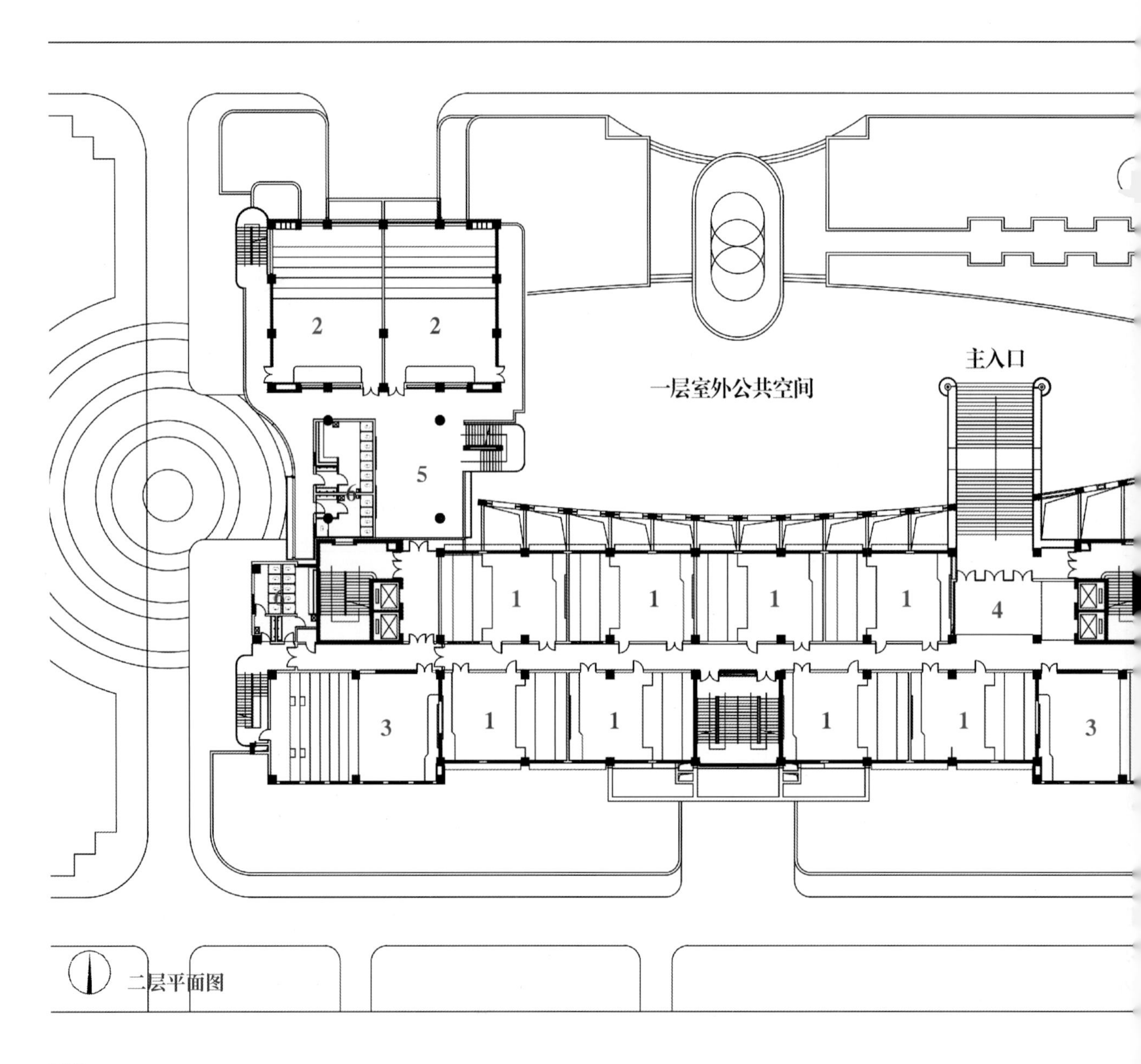

二层平面图

透视图

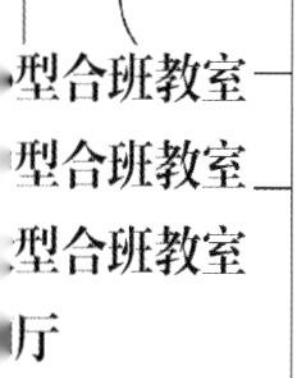

实景 1

实景 2

西北农林科技大学科研主楼

项目地点：陕西杨凌示范区
建筑功能：科研、教学
设计时间：2001 年
建成时间：2004 年
建筑面积：26 100 m^2

合作建筑师：田民强 李献军
本工程初步方案由上海市建筑设计研究院提供。

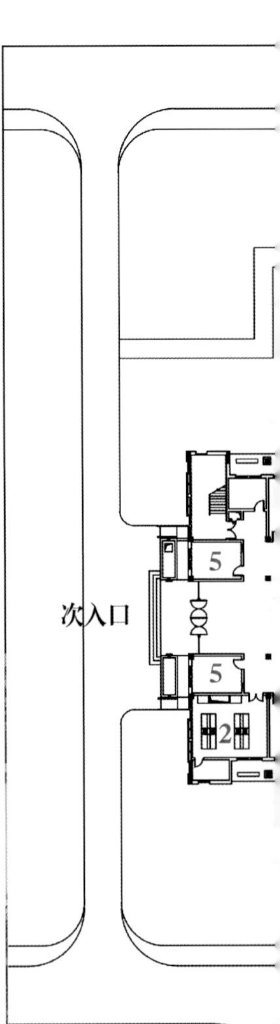

底层平面图

1 专用实验室
2 通用实验室
3 会议室
4 研究室
5 办公室
6 设备用房
7 门厅
8 中庭
9 内院

实景 1

内景 1

内景 2

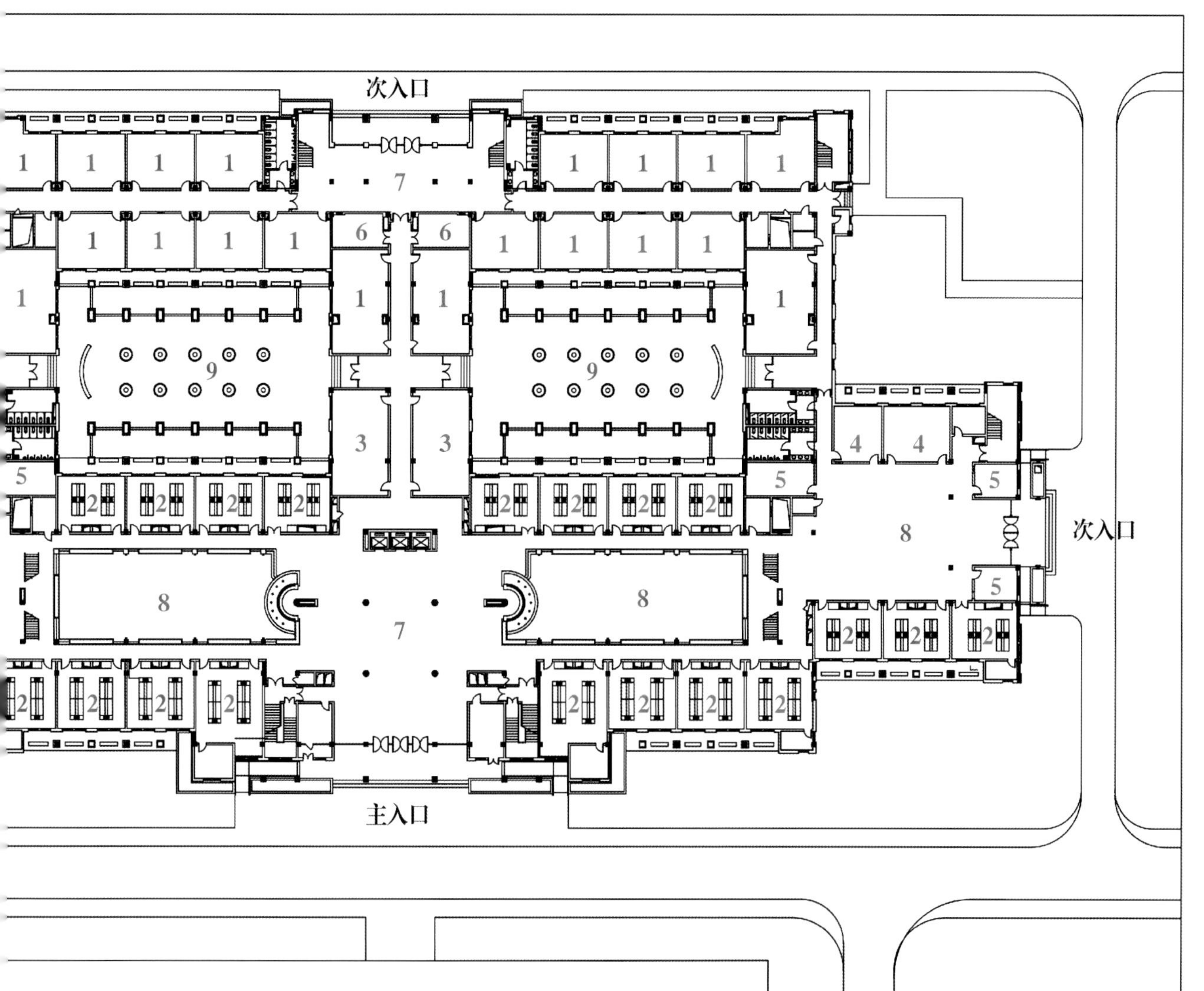

实景 2

西安石油大学鄠邑校区院系教学楼组团

项目地点：西安市鄠邑区
建筑功能：教室
设计时间：2015 年
设计阶段：方案设计
用地面积：12 777 m^2
建筑面积：126 682 m^2

合作建筑师：田民强
助理建筑师：杜旭伟

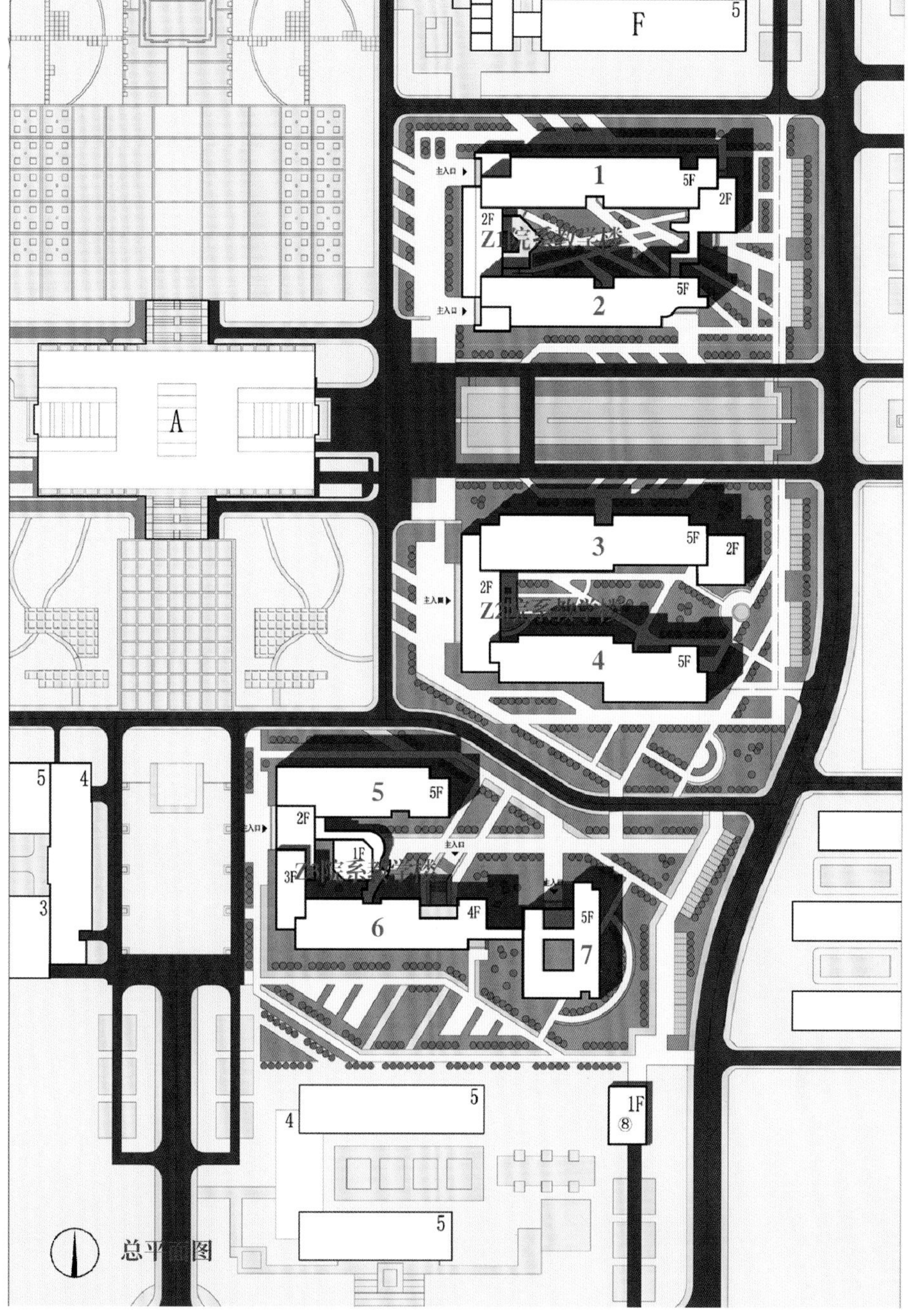

总平面图

1 石油工程学院教学楼
2 油气资源学院教学楼
3 机械工程学院教学楼
4 材料科学工程学院教学楼
5 经济管理学院教学楼
6 人文学院教学楼
7 外语系教学楼

总体鸟瞰图

人文学院、外语系教学楼透视图

机械工程学院、材料科学工程学院教学楼透视图

石油工程学院、油气资源学院教学楼鸟瞰图

西安科技大学高新学院终南书院

项目地点：西安市长安区
建筑功能：教学、宿舍
设计时间：2017 年
建成时间：2019 年
建筑面积：35 340 m^2

助理建筑师：杨椰蓁 赵强

局部鸟瞰图

1 教室
2 宿舍
3 报告厅
4 门厅
5 布草间
6 贵宾休息室
7 宣传展示厅
8 咖啡厅

总体鸟瞰图

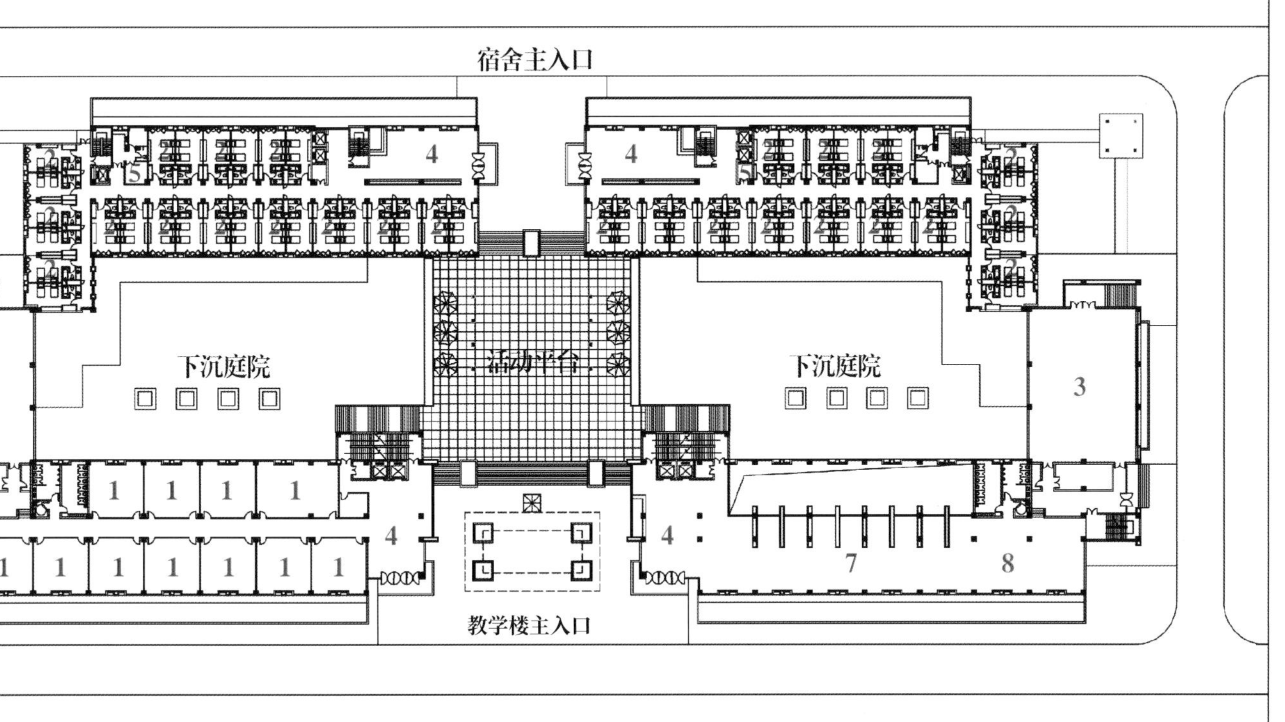

西北向透视图

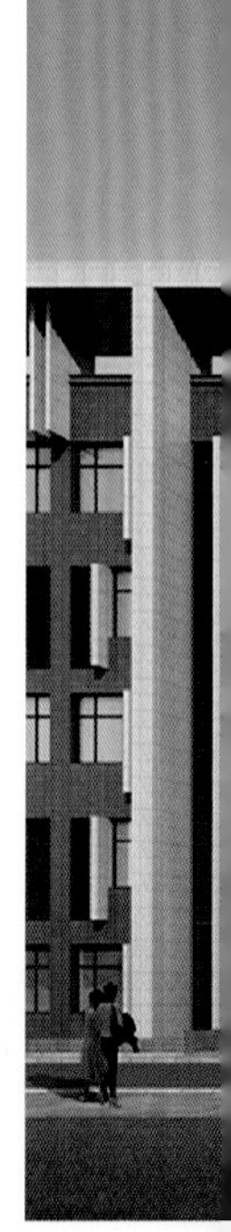

教学楼主入口透视图 1

东南向透视图

教学楼主入口透视图 2

三门峡职业技术学院体育馆

局部透视

项目地点：三门峡市湖滨区
建筑功能：体育馆
设计时间：2018 年
设计阶段：方案设计
建筑面积：19 820 m^2

本方案设计是在同济大学建筑设计研究院（集团）有限公司提供的方案基础上完成的修改设计。

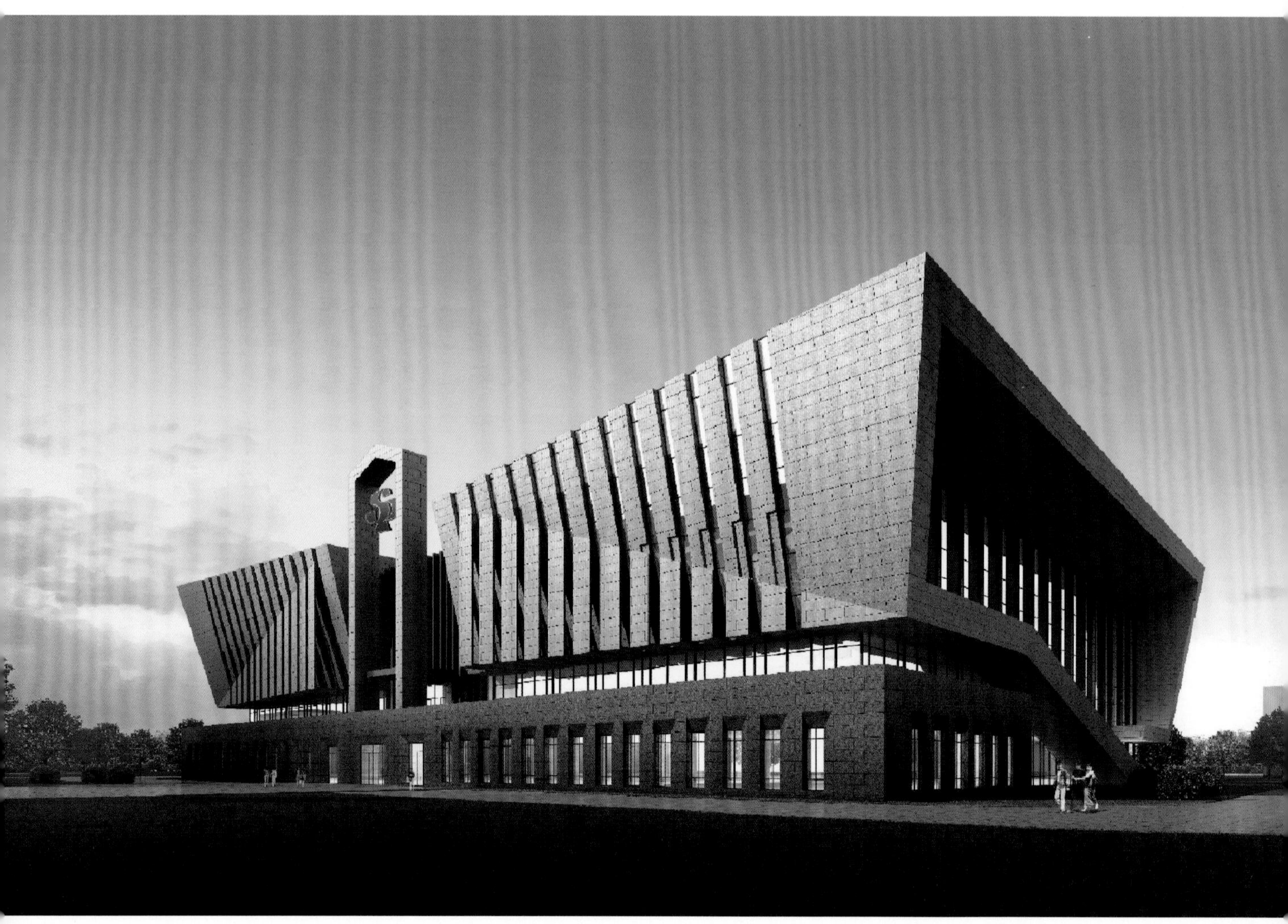

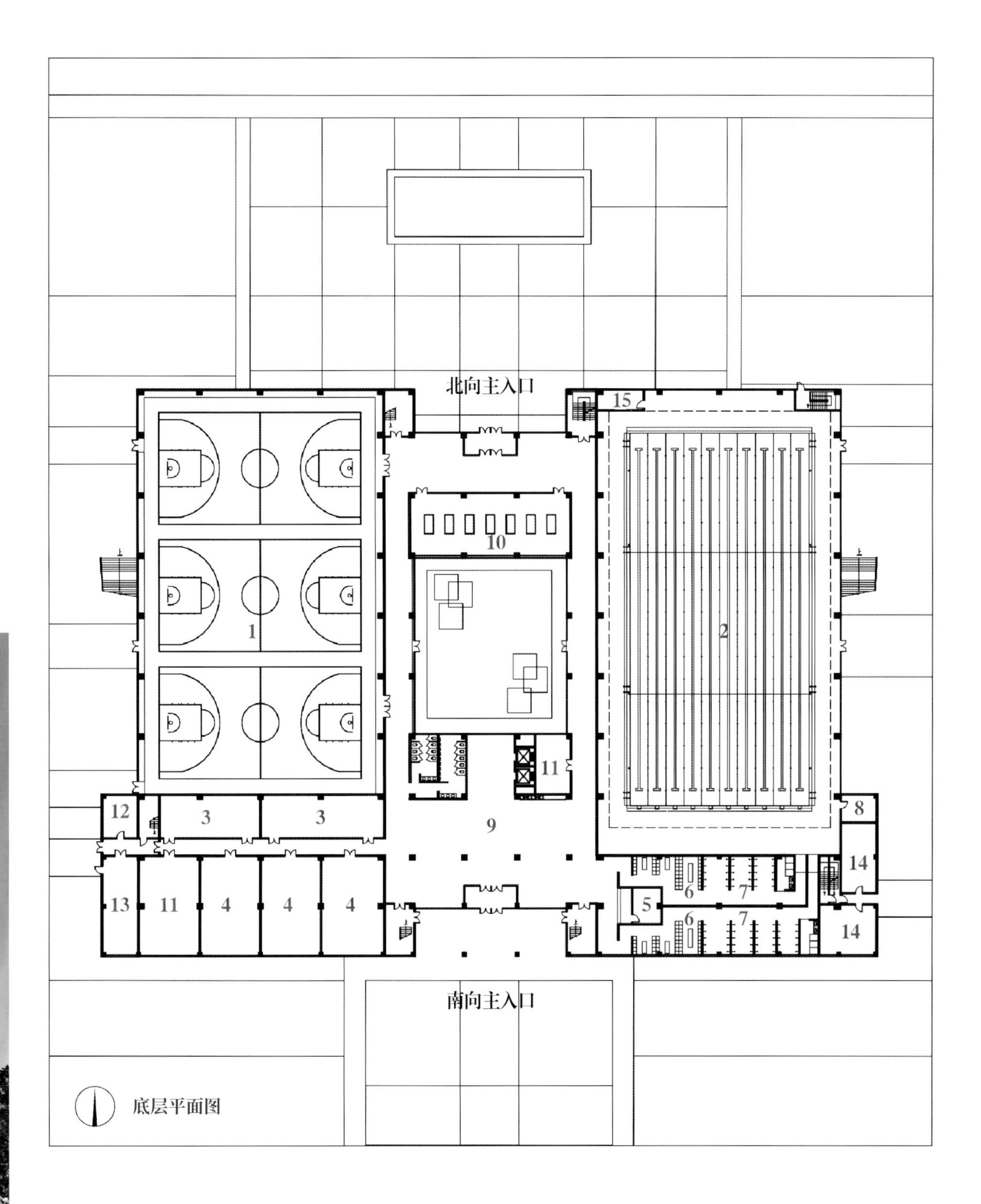

1 篮球馆
2 游泳馆
3 大学生体质检测中心
4 体育心理实训室
5 管理室
6 更衣室
7 淋浴间
8 急救室
9 大厅
10 台球室
11 器械室
12 热力间
13 消防控制室
14 空调机房
15 休息室

透视

局部透视图 2

局部透视图 3

宝鸡中国制造博物馆 / 工业文化公园

项目地点：宝鸡综合保税区
建筑功能：博物馆、城市公园
设计时间：2017 年
设计阶段：方案设计
用地面积：33 000 m^2
建筑面积：21 980 m^2

助理建筑师、景观设计师：田晨阳

公园透视图

公园透视图 2

公园透视图

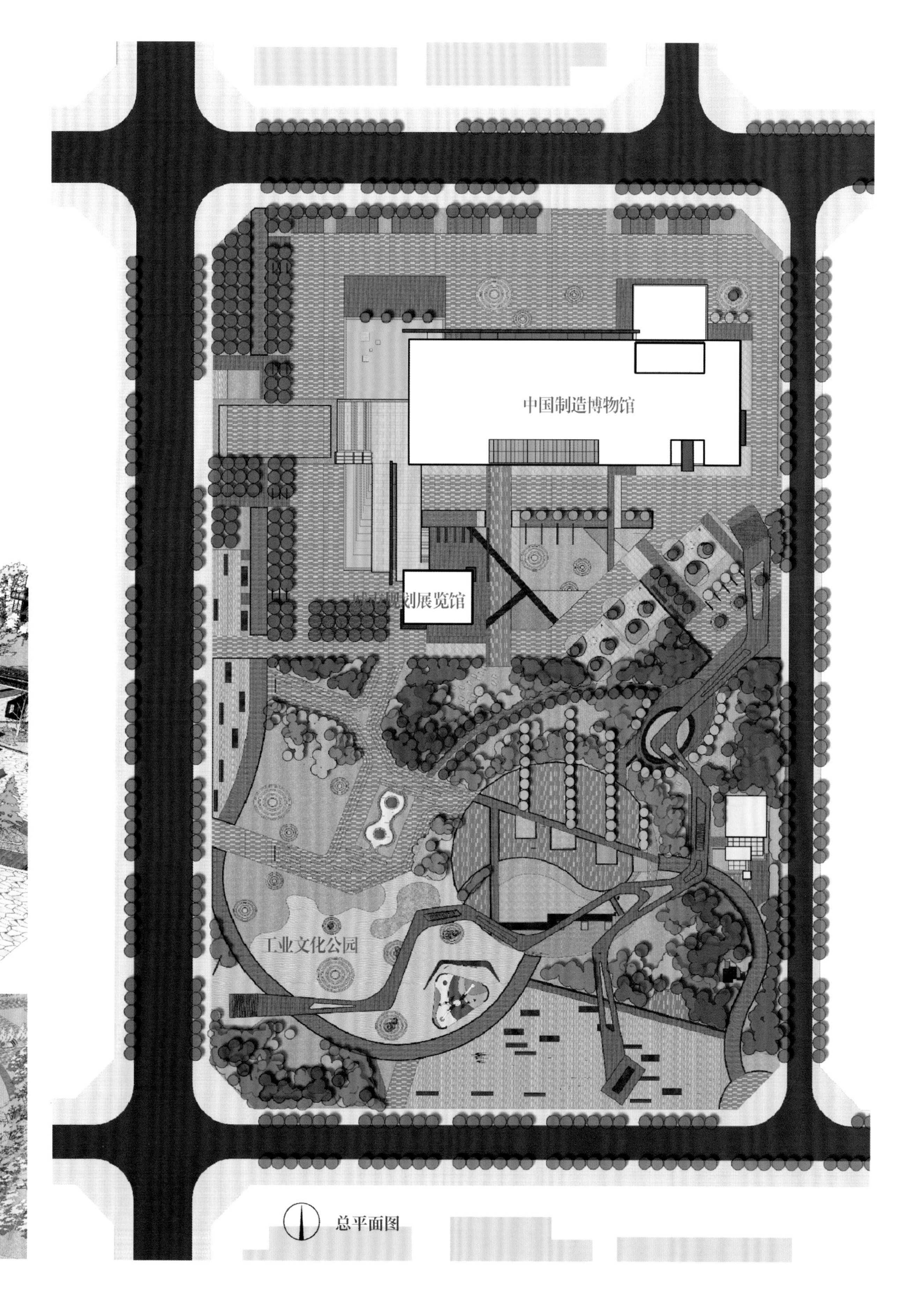

总平面图

总体鸟瞰图 1

宝桥
中国制造

总体鸟瞰图 2

局部透视图 1

局部透视图 2

透视图 1

宝桥
宝石
陕汽
凌云
法士特
宝光
宝钛
中国制造

透视图 3

透视图 2

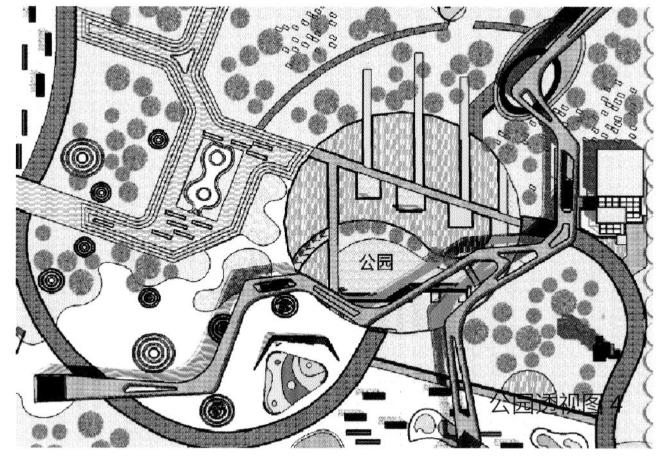

公园透视图 4

公园透视图 5

西安市碑林区档案馆、文化馆、图书馆及全民健身中心

项目地点：西安市碑林区

建筑功能：档案馆、文化馆、图书馆及全民健身中心

设计时间：2021 年

设计阶段：初步设计

用地面积：13 860 m^2

建筑面积：66 000 m^2

合作建筑师：田民强

助理建筑师：王锋伟 田晨阳

总平面图

1 文化馆/全民健身中心
2 图书馆/档案馆
3 室外运动场
4 公共架空平台
5 入口广场
6 仿古戏楼

鸟瞰图

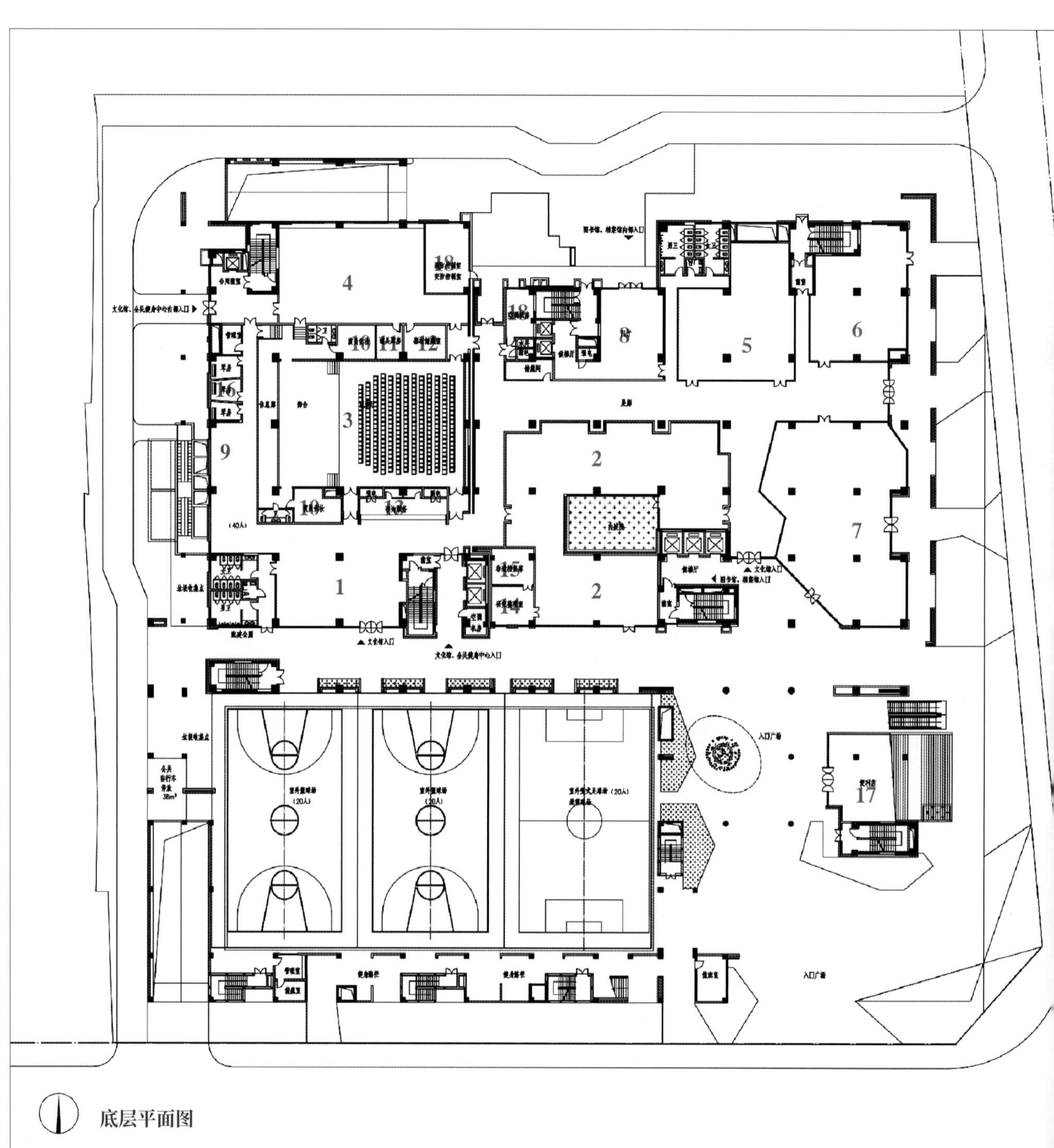

底层平面图

1 文化馆门厅
2 非遗展厅
3 排演厅
4 舞蹈排练厅
5 综合活动室
6 老人活动室
7 儿童活动室
8 内部门厅
9 网络文化服务厅
10 舞台化妆间
11 道具库房
12 器材储藏室
13 咨询服务室
14 研究整理室
15 非遗档案库
16 琴房
17 便利店
18 消防、安防控制室

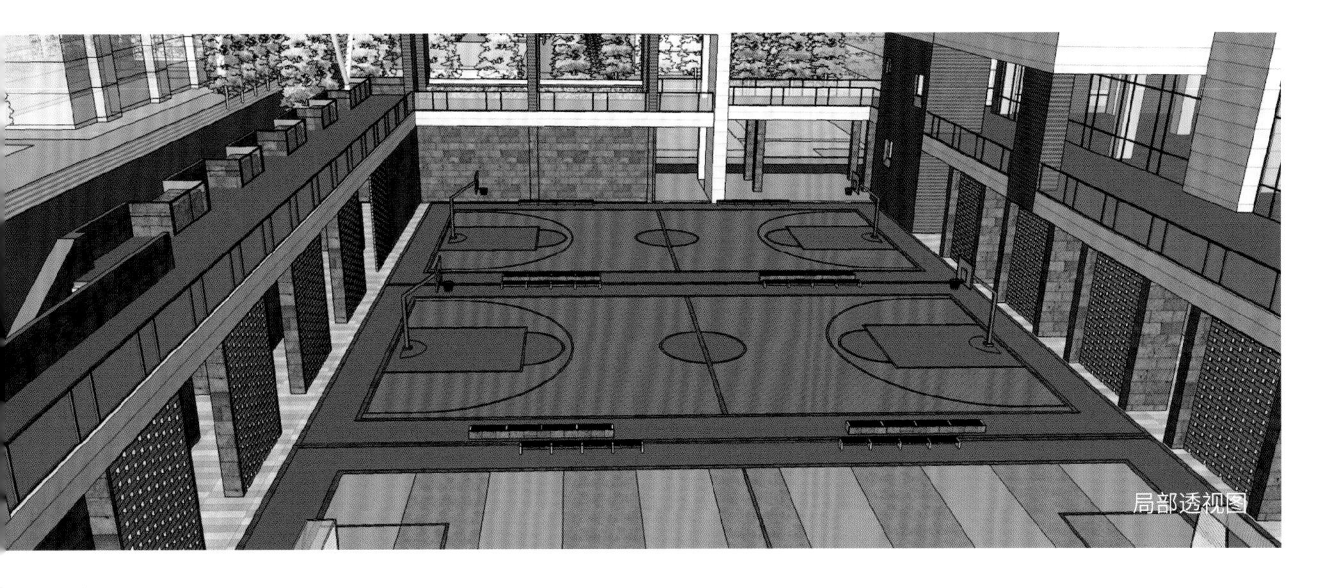
局部透视图

西南向透视图

夜景鸟瞰图

东南向透视图

西安市雁塔区档案馆

项目地点：西安雁塔区
建筑功能：档案库、档案查阅、展览、办公管理
设计时间：2020 年
设计阶段：方案设计
用地面积：7 500 m^2
建筑面积：15 000 m^2

助理建筑师：宋乐

鸟瞰图

透视图

主入口透视图

西安市长安区医院

项目地点：西安市长安区
建筑功能：综合三甲医院
设计时间：2010 年
建成时间：2013 年
占用地面积：46 000 m^2
建筑面积：94 000 m^2

合作建筑师：田民强 李献军
助理建筑师：杜旭伟

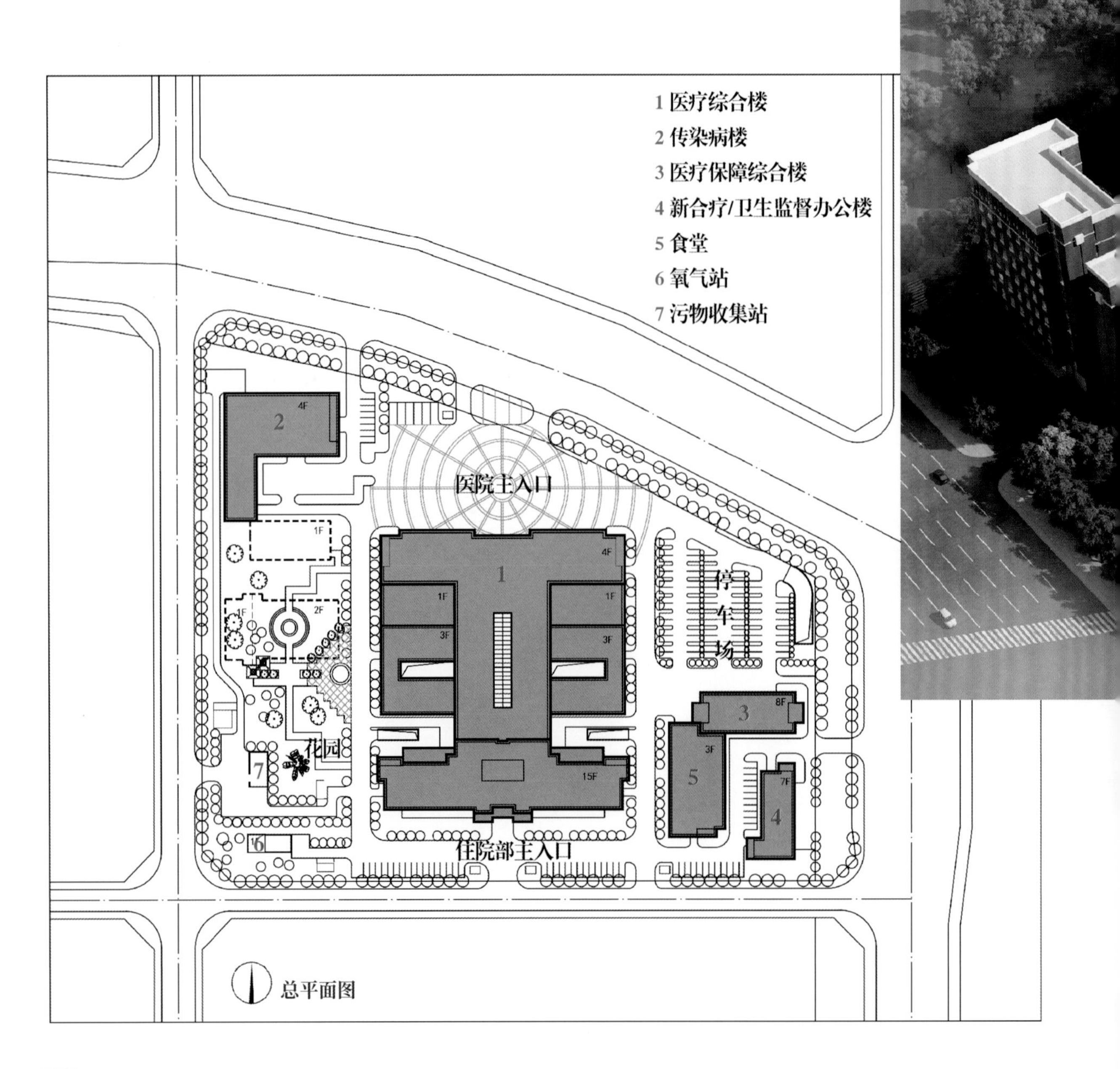

总平面图

总体鸟瞰图 1

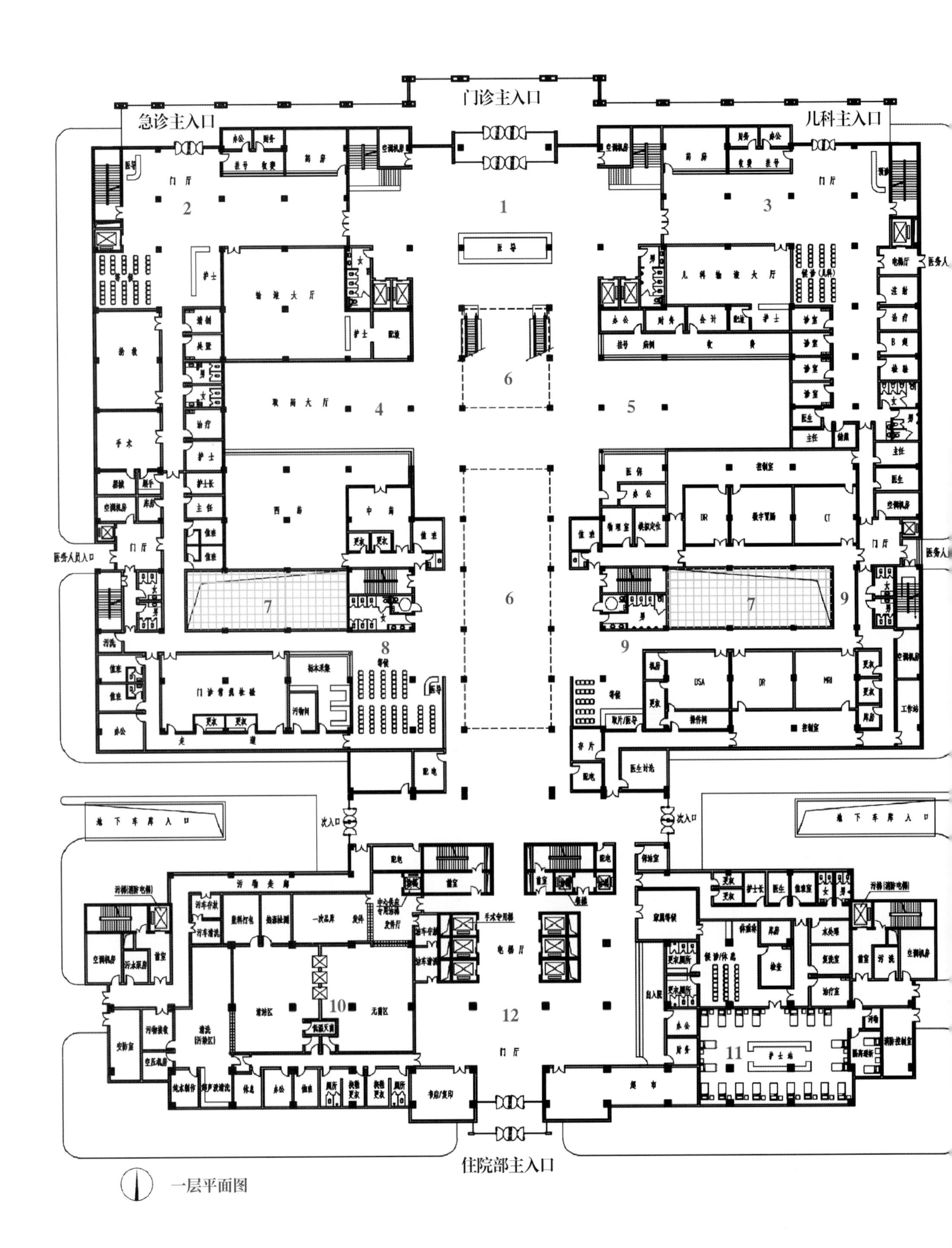
门诊主入口
急诊主入口
儿科主入口
医务人员入口
次入口
地下车库入口
住院部主入口
门厅
导诊
输液大厅
儿科输液大厅
取药大厅
西药
中药
抢救
手术
控制室
DR
CT
DSA
MRI
电梯厅
超市
护士站
1
2
3
4
5
6
7
8
9
10
11
12

一层平面图

透视图 1

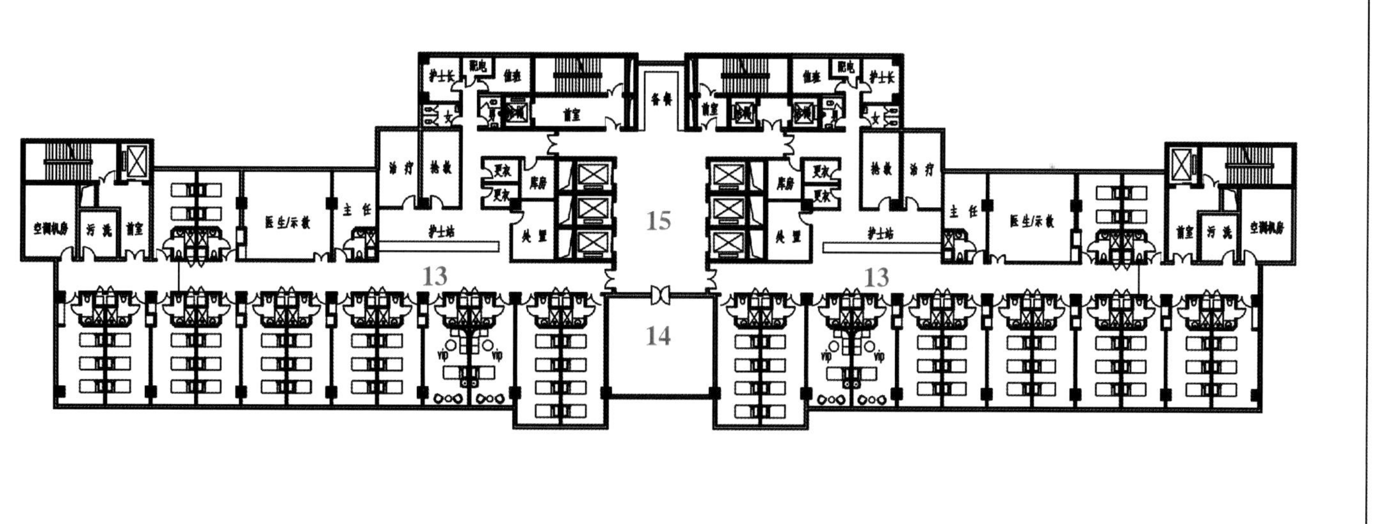

住院大楼护理单元平面图

1 门诊大厅	6 医疗街	11 血液透析中心
2 急诊急救室	7 内庭院	12 住院大厅
3 儿科门诊	8 门诊检验室	13 护理单元
4 取药大厅	9 影像中心	14 活动室
5 挂号收费大厅	10 中心供应消毒	15 住院大楼电梯厅

透视图 2

透视图 3

总体鸟瞰图 2

富平庄里汽车客运站

项目地点：渭南市富平县庄里镇
建筑功能：汽车客运站
设计时间：2016 年
建成时间：2018 年
建筑面积：2 800 m^2

助理建筑师：赵强

鸟瞰图 1

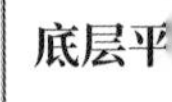

底层平

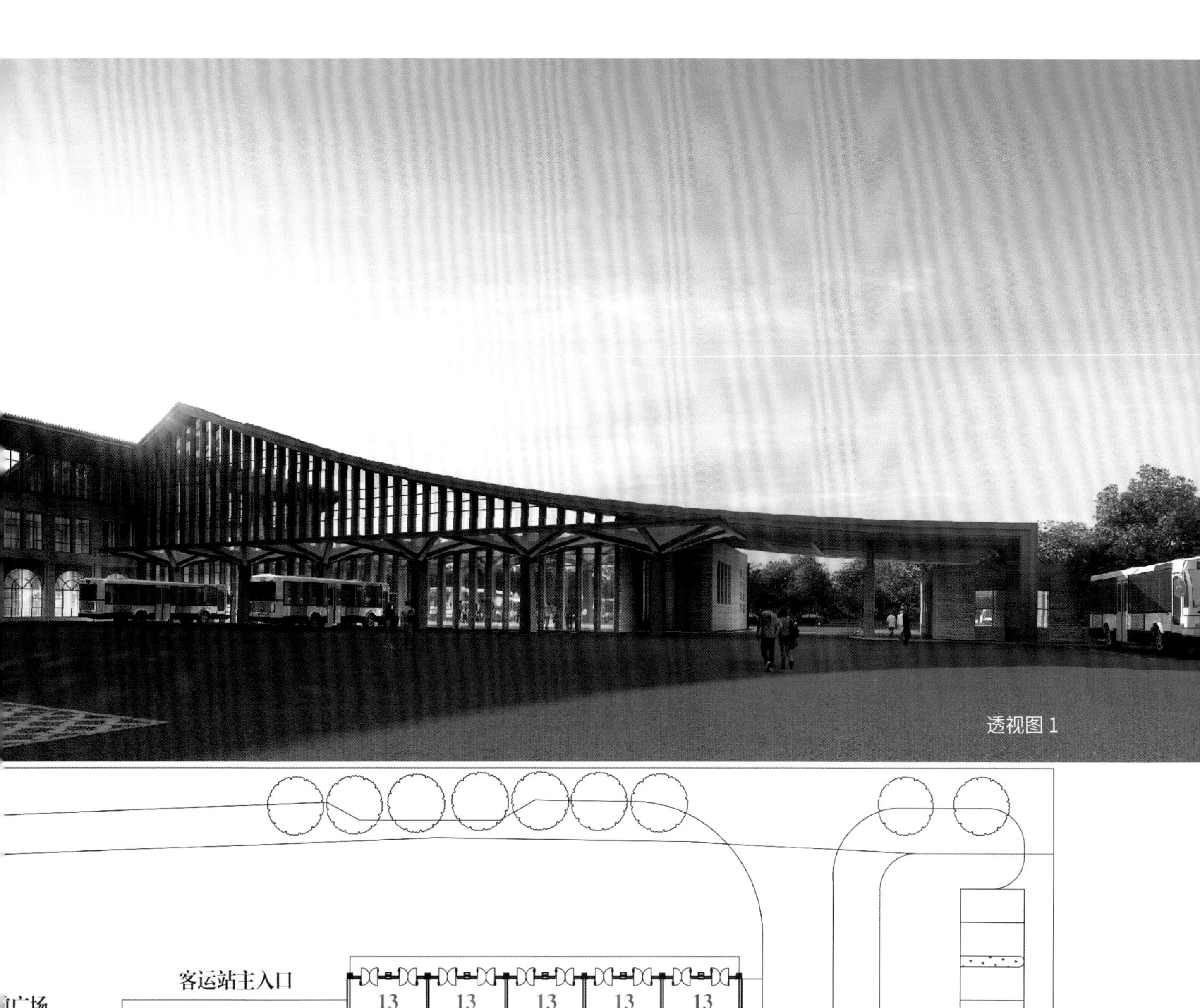
透视图 1

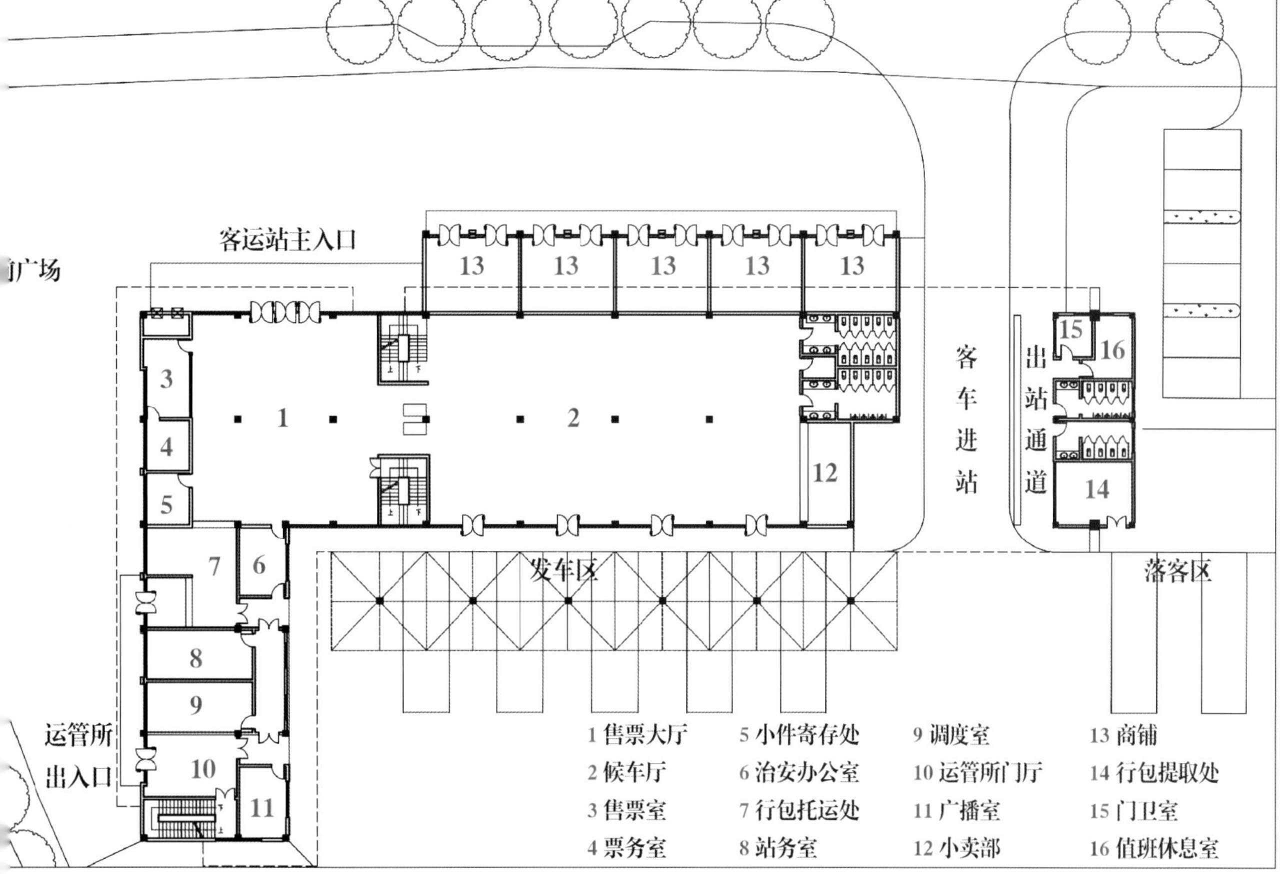
客运站主入口
广场
客车进站
出站通道
发车区
落客区
运管所出入口
1 售票大厅
2 候车厅
3 售票室
4 票务室
5 小件寄存处
6 治安办公室
7 行包托运处
8 站务室
9 调度室
10 运管所门厅
11 广播室
12 小卖部
13 商铺
14 行包提取处
15 门卫室
16 值班休息室

透视图 3

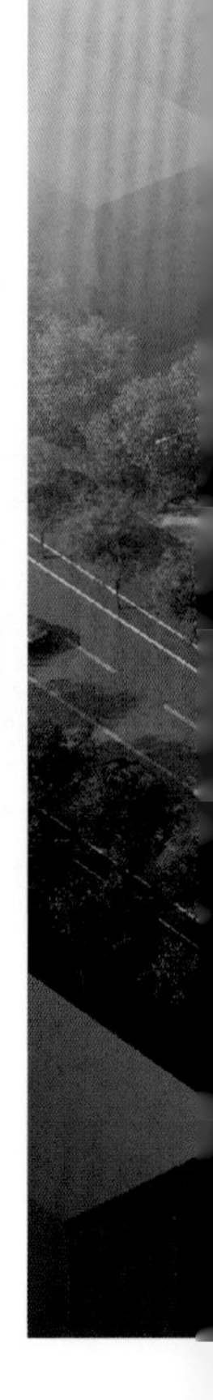

视图 2

鸟瞰图 2

铜川新区汽车客运总站

项目地点：铜川市新区
建筑功能：汽车客运站
设计时间：2014 年
设计阶段：方案设计
用地面积：6 200 m^2
建筑面积：34 500 m^2

助理建筑师：雷永超、马楠

总体鸟

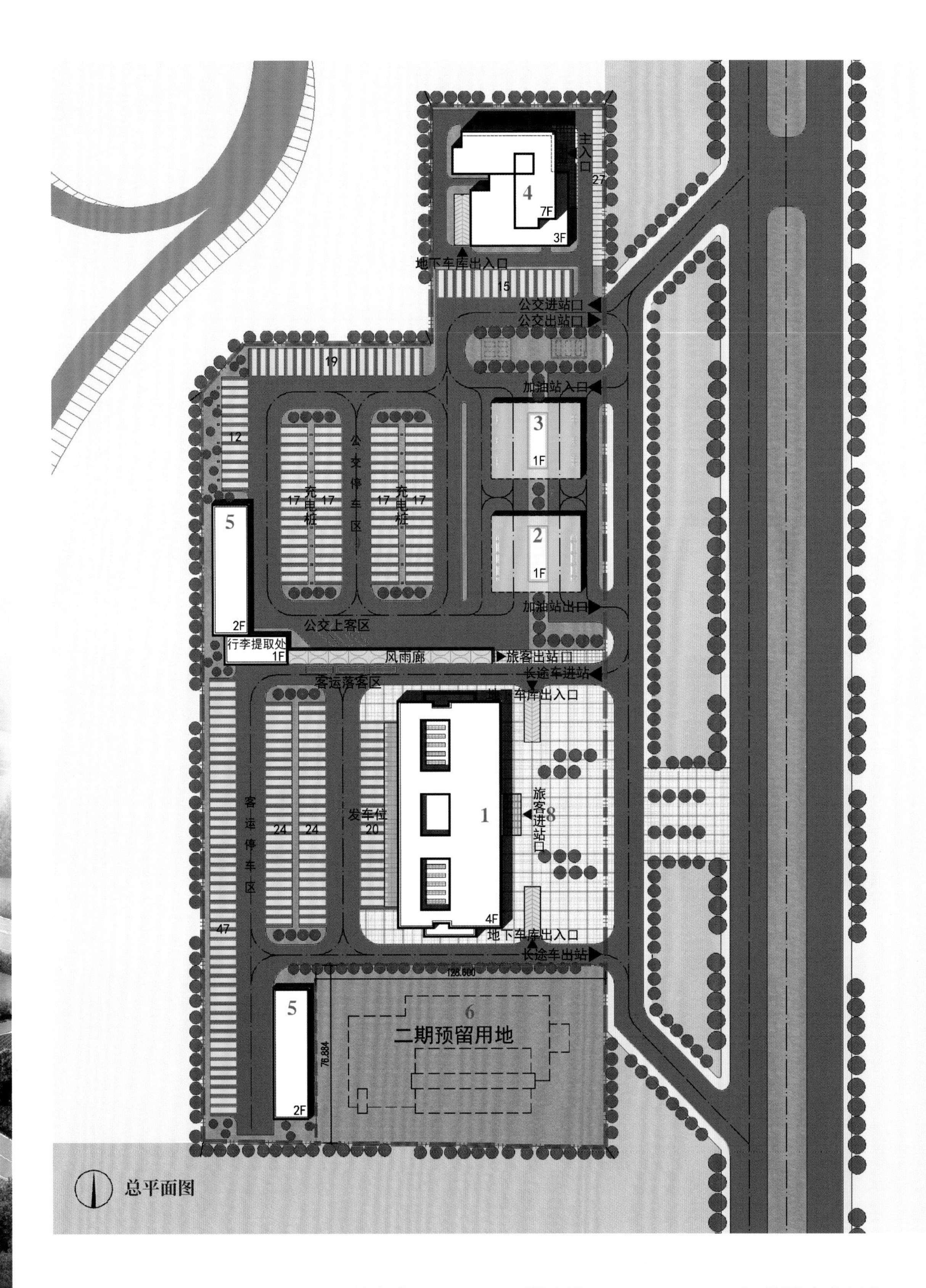

总平面图

1 客运站房楼　　4 运管大楼　　7 客运站停车发车区
2 加气站　　5 保养维修用房　　8 站前广场
3 加油站　　6 商务酒店（二期）　　9 公交停车区

客运站房楼透视

客运站房楼透视

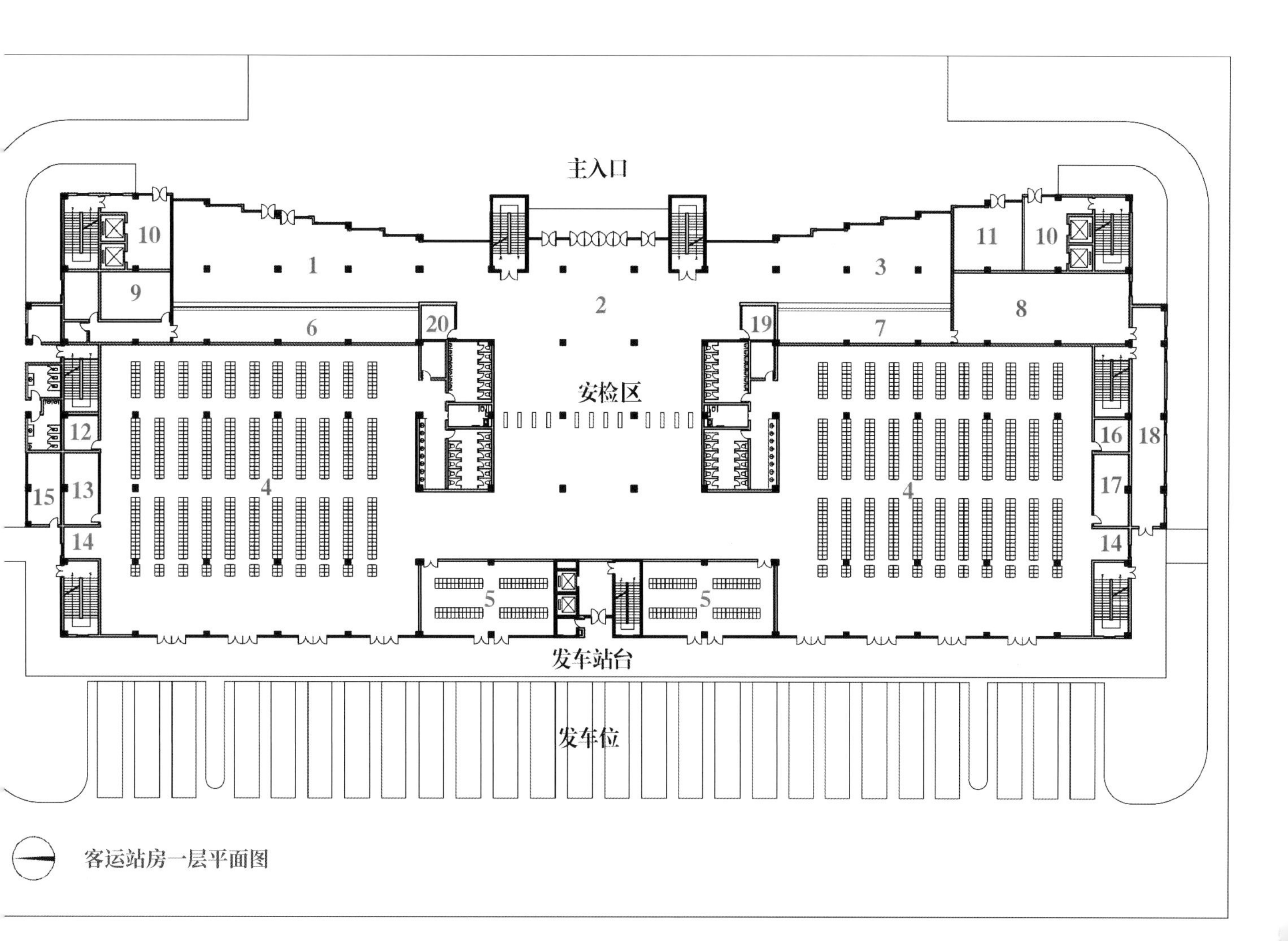

客运站房一层平面图

1 售票大厅
2 综合服务大厅
3 行包托运厅
4 候车厅
5 母婴候车厅
6 售票室
7 行包托运室
8 行包库房
9 票据库
10 电梯厅
11 商铺
12 医务室
13 小卖部
14 饮水间
15 验票补票室
16 治安室
17 报刊杂志室
18 行包通道
19 询问室
20 小件寄存处

运管大楼透视图

陕西高速——宝鸡东 / 西出入口

项目地点：宝鸡
建筑功能：收费大棚
设计时间：2021 年
设计阶段：方案设计

东出入口局部透

西出入口透

东出入口透视图

西出入口局部透视图

陕西高速——岐山服务区综合服务楼

项目地点：宝鸡市岐山县
建筑功能：综合楼
设计时间：2022 年
设计阶段：方案设计
建筑面积：3 200 m^2

助理建筑师：赵强

透视图 1

透视图 2

鸟瞰图

陕西高速——眉县服务区综合服务楼

项目地点：宝鸡市岐山县
建筑功能：综合楼
设计时间：2022 年
设计阶段：方案设计
建筑面积：3 000 m^2

助理建筑师：赵强

鸟瞰图 2

透视图

瞰图 1

陕西高速——乾县服务区综合服务楼

项目地点：咸阳市乾县
建筑功能：综合楼
设计时间：2022 年
设计阶段：方案设计
建筑面积：3 300 m²

助理建筑师：赵强

透视图 1

透视图 2

鸟瞰图

陕西高速——大荔服务区综合服务楼

项目地点：渭南市大荔县
建筑功能：综合楼
设计时间：2019 年
设计阶段：方案设计
建筑面积：3 350 m^2

助理建筑师：赵强

透视图

鸟瞰图

陕西高速——红碱淖服务区综合服务楼

项目地点：榆林市神木市
建筑功能：综合楼
设计时间：2022 年
设计阶段：方案设计
建筑面积：4 000 m²

助理建筑师：赵强

夜景透视图

透视图

鸟瞰图

陕西高速——卤阳湖服务区综合服务楼

项目地点：渭南市蒲城县
建筑功能：综合楼
设计时间：2019 年
设计阶段：方案设计
建筑面积：4 000 m^2

助理建筑师：赵强

夜景透视图

鸟瞰图

透视图

陕西高速——横山服务区综合服务楼

项目地点：榆林市横山区
建筑功能：综合楼
设计时间：2022 年
设计阶段：方案设计
建筑面积：3 500 m^2

助理建筑师：赵强

透视图

夜景透视图

瞰图

西安神电智能电器工业园

项目地点：咸阳市泾阳县
建筑功能：厂房、研发办公、宿舍
设计时间：2018 年
建成时间：2022 年
用地面积：248 000 m^2
建筑面积：167 000 m^2

合作建筑师：李献军
助理建筑师：王锋伟

总体鸟瞰图

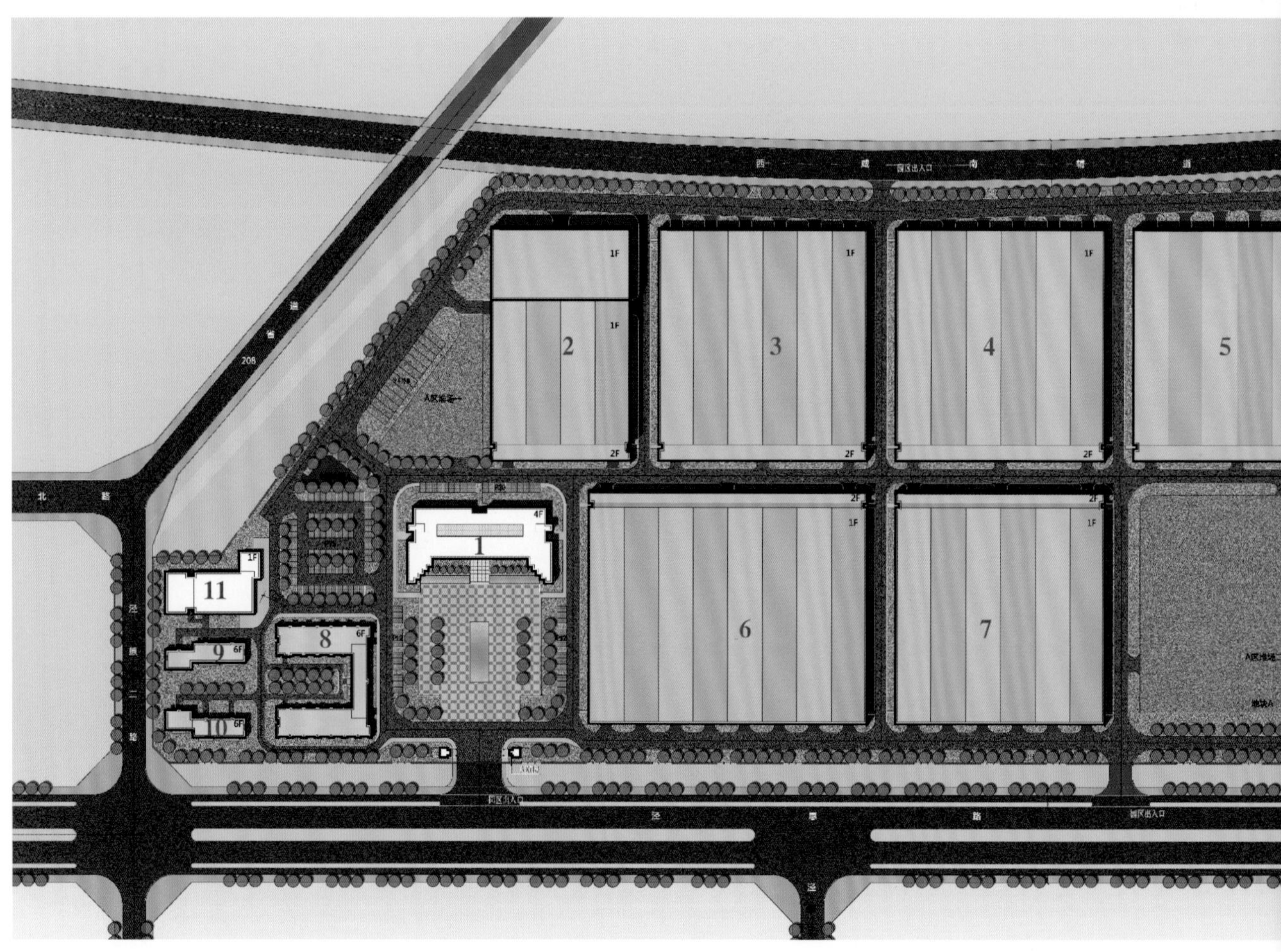
1F
2
3
4
5
2F
1
4F
6
7
11
8
9
10
6F

区局部透视图

厂房透视图

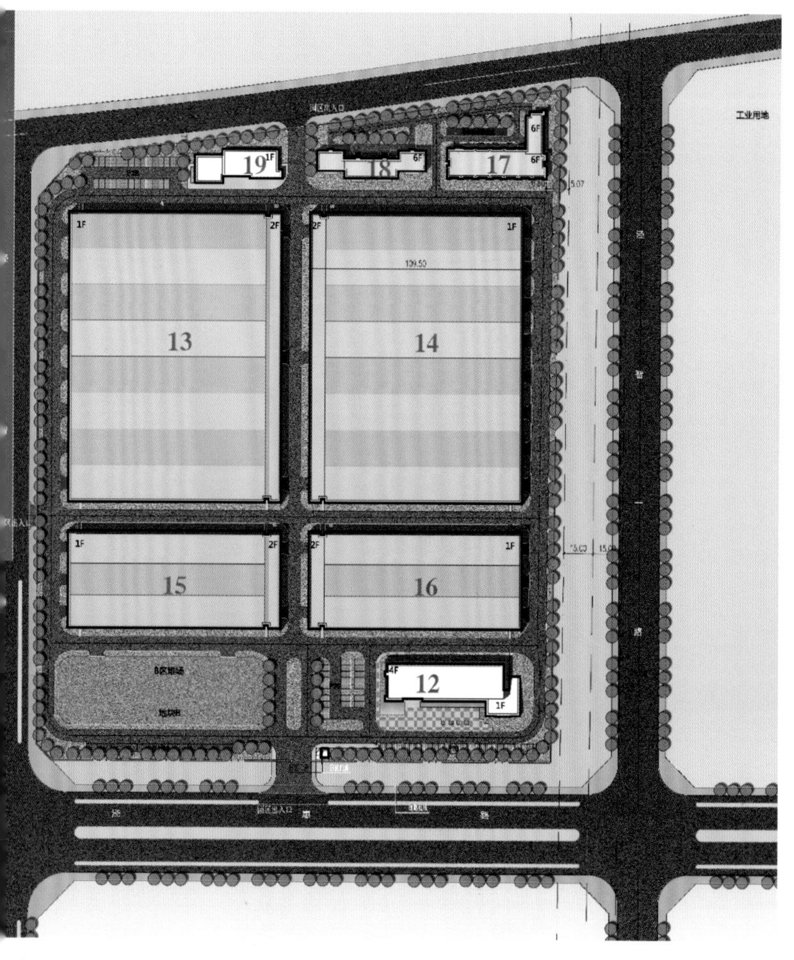

1 A区研发楼
2 超高压测试大厅/A1厂房
3 A2厂房
4 A3厂房
5 A4厂房
6 A5厂房
7 A6厂房
8 A区宿舍楼
9 A区公寓楼1
10 A区公寓楼2
11 A区员工餐厅
12 B区研发楼
13 B1厂房
14 B2厂房
15 B3厂房
16 B4厂房
17 B区宿舍楼
18 B区公寓楼1
19 B区员工餐厅

总平面图

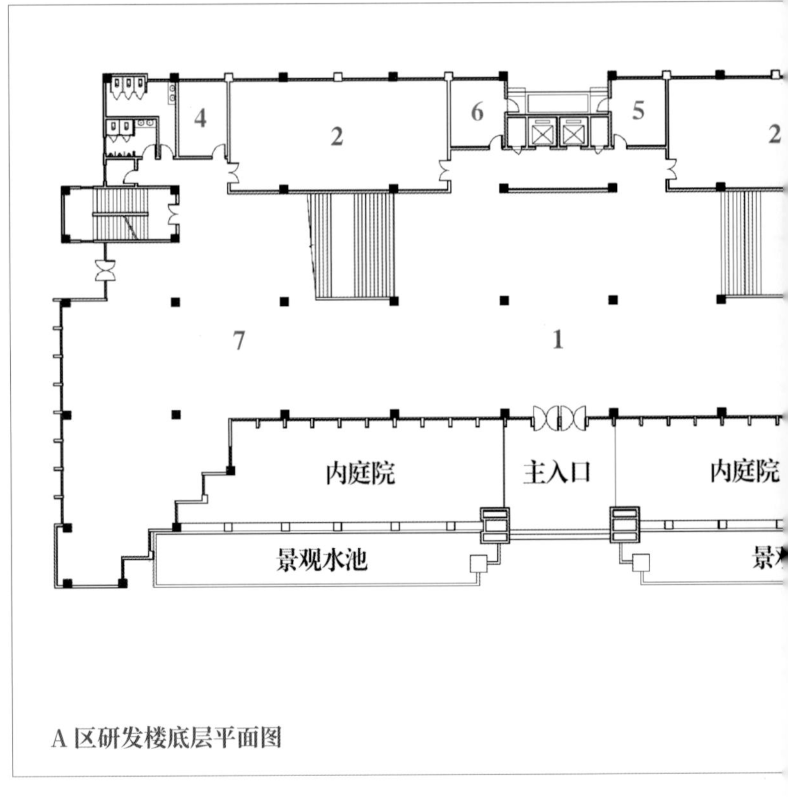

1 门厅
2 会议室
3 办公室
4 接待室
5 消防控制室
6 数据机房
7 企业文化展示中心

A 区研发楼底层平面图

A 区研发楼局部实景 1

A 区研发楼局部内景 1

A 区研发楼局部内景 2

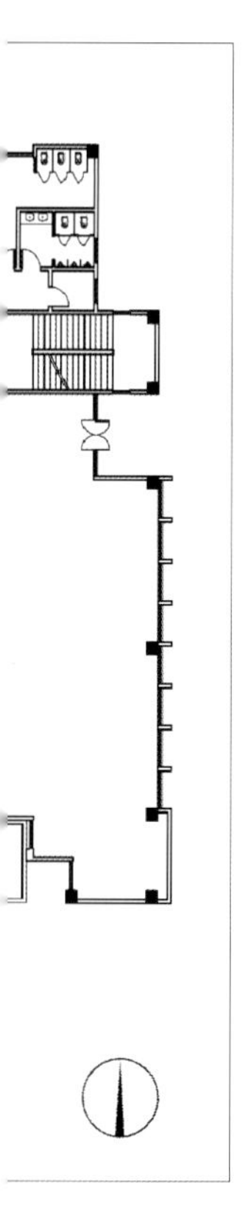

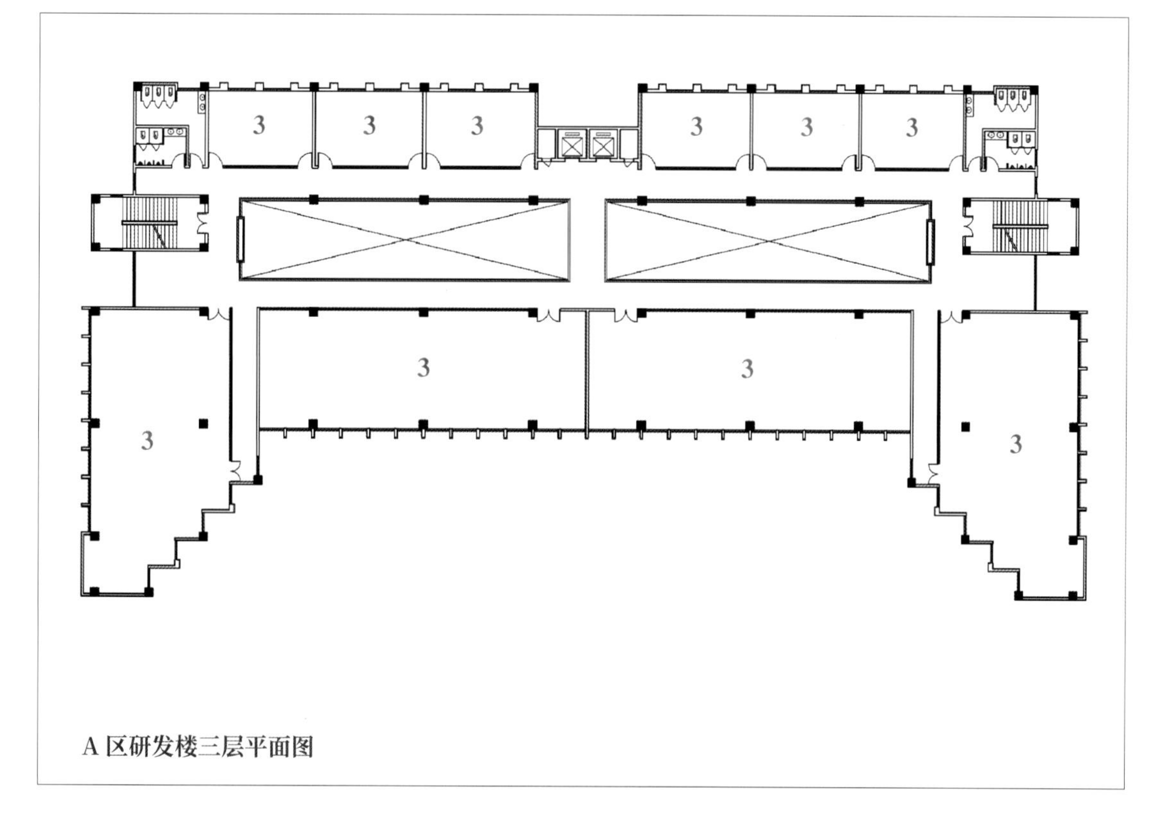

A 区研发楼三层平面图

A 区研发楼透视图 2

A 区研发楼实景 2

A 区研发楼局部内景 3

A 区研发楼内景 4

发楼透视图 1

A 区研发楼局部内景 5

西安神电电器草堂基地

项目地点：西安市鄠邑区
建筑功能：研发、厂房、配套服务
设计时间：2016 年
建成时间：2017 年
用地面积：16 800 m^2
建筑面积：14 406 m^2

助理建筑师：雷永超

透视图 1

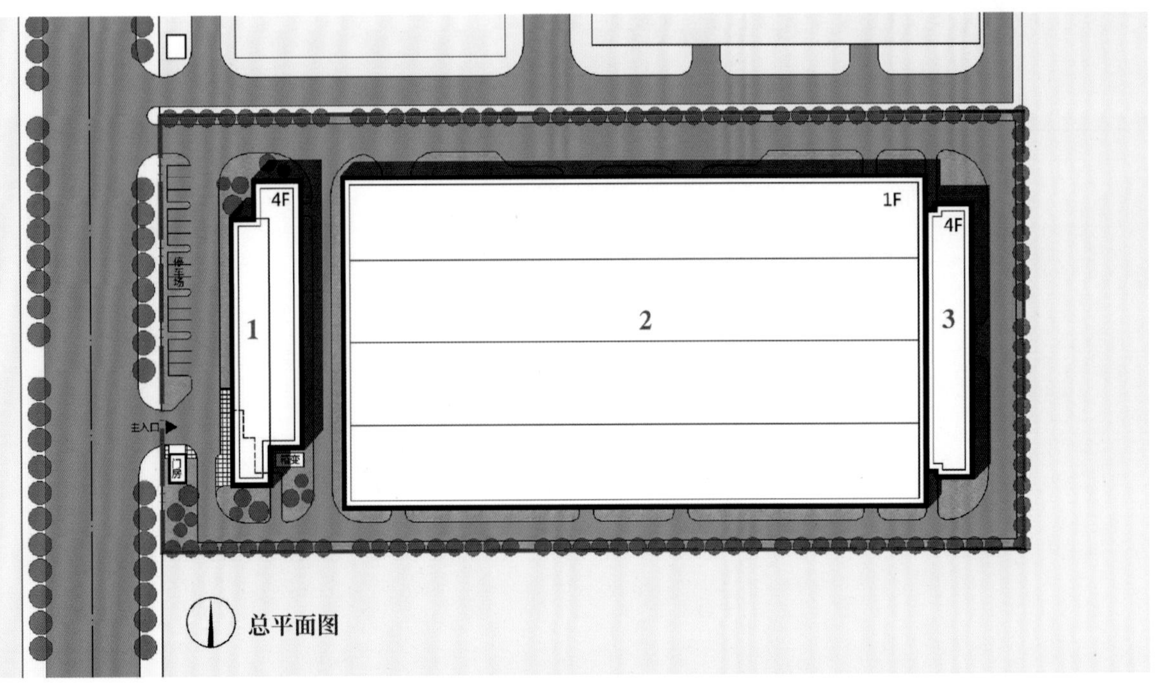

总平面图

1 研发楼
2 生产厂房
3 服务楼

夜景透视图

透视图 2

透视图 3

西驰电力电子产业园

项目地点：西安市鄠邑区
建筑功能：厂房、库房、研发办公、宿舍
设计时间：2022 年
设计阶段：方案设计
用地面积：23 322 m^2
建筑面积：35 350 m^2

助理建筑师：王锋伟

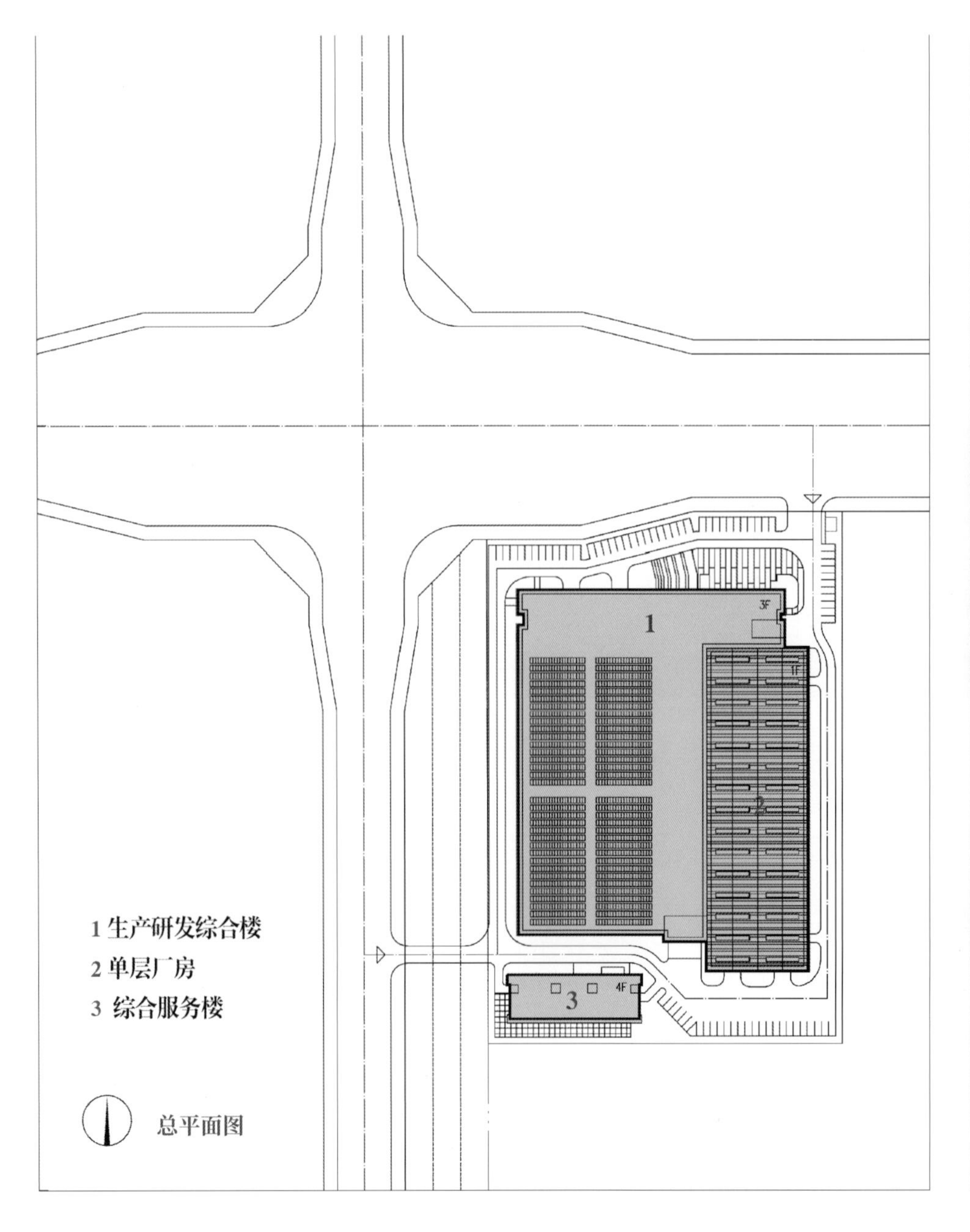

总平面图

夜景鸟瞰图

XICH
西驰电气

透视图 1

透视图 2

局部透视图

透视图 3

东天印务沣东基地

项目地点：西咸新区沣东新城
建筑功能：生产厂房、研发办公
设计时间：2015 年
设计阶段：方案设计
用地面积：19 140 m^2
建筑面积：22 053 m^2

助理建筑师：滕亚青

鸟瞰图

夜景透视图

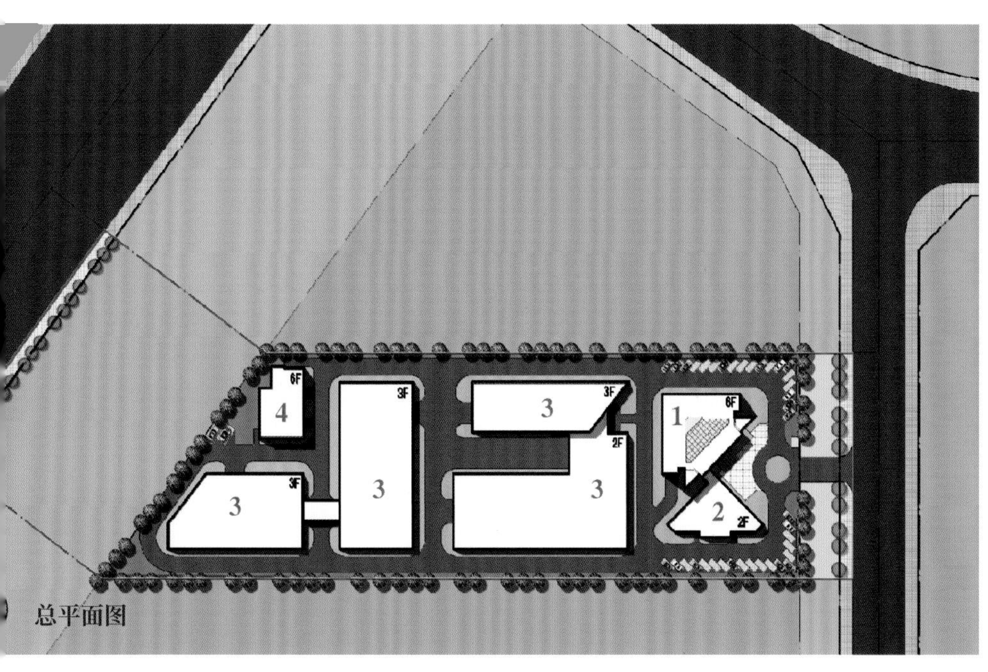

总平面图

1 制版中心
2 数码印刷
3 厂房
4 宿舍

西安祥远青年公舍

项目地点：西安市未央区
建筑功能：住宅、公寓、商业
设计时间：2014 年
设计阶段：方案设计
用地面积：12 777 m^2
建筑面积：123 355 m^2

助理建筑师：马楠

总体鸟瞰图

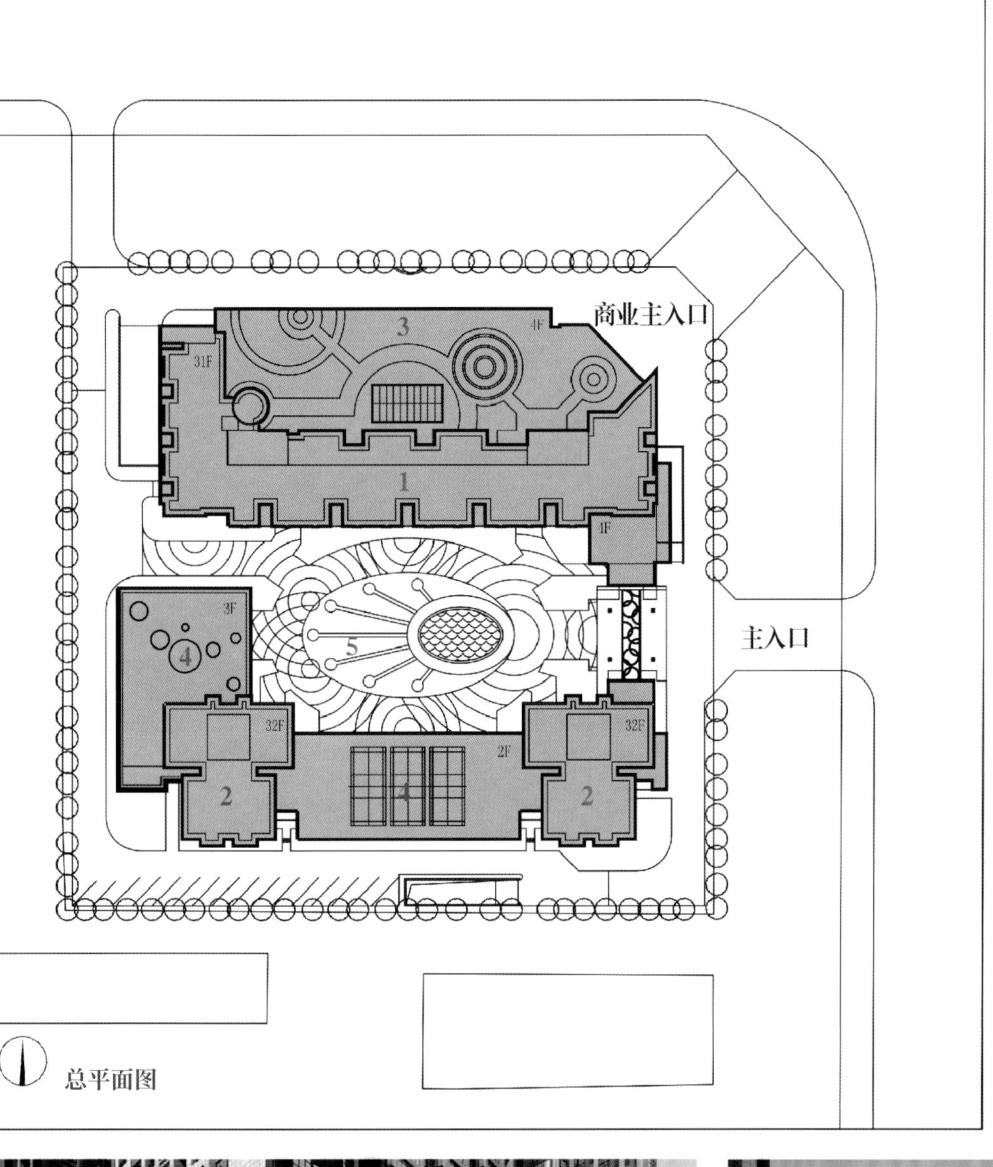

总平面图

1 公寓
2 住宅
3 商业
4 健身中心
5 内庭院

商业主入口透视图

商业街透视图

内院鸟瞰图

内院透视图

东北向透视图

半边房——陕西关中地区新农宅设计方案

项目地点：陕西关中地区
建筑功能：农宅
设计时间：2016 年
设计阶段：方案设计
建筑面积：230 m^2

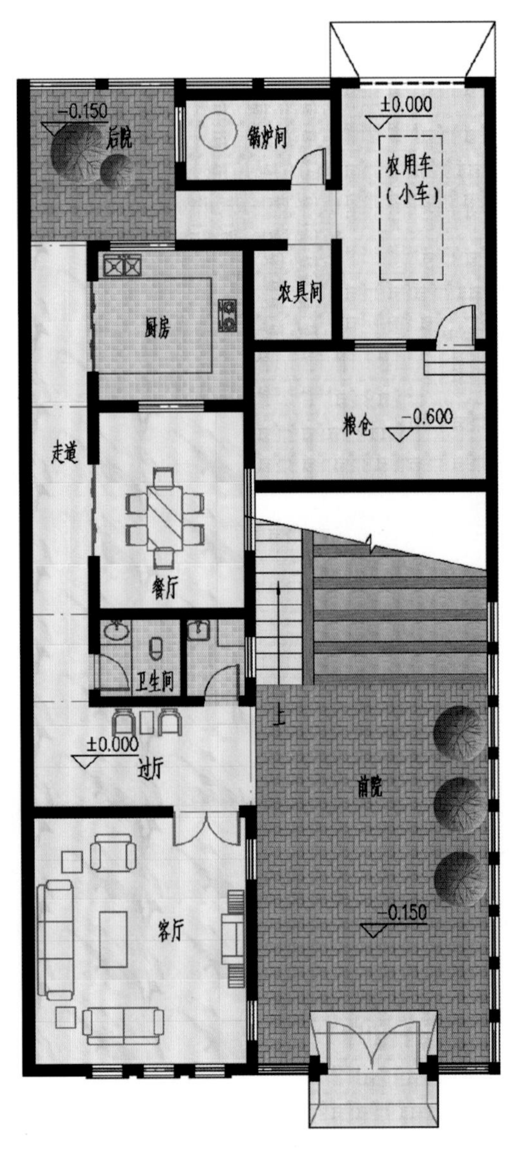

底层平面图

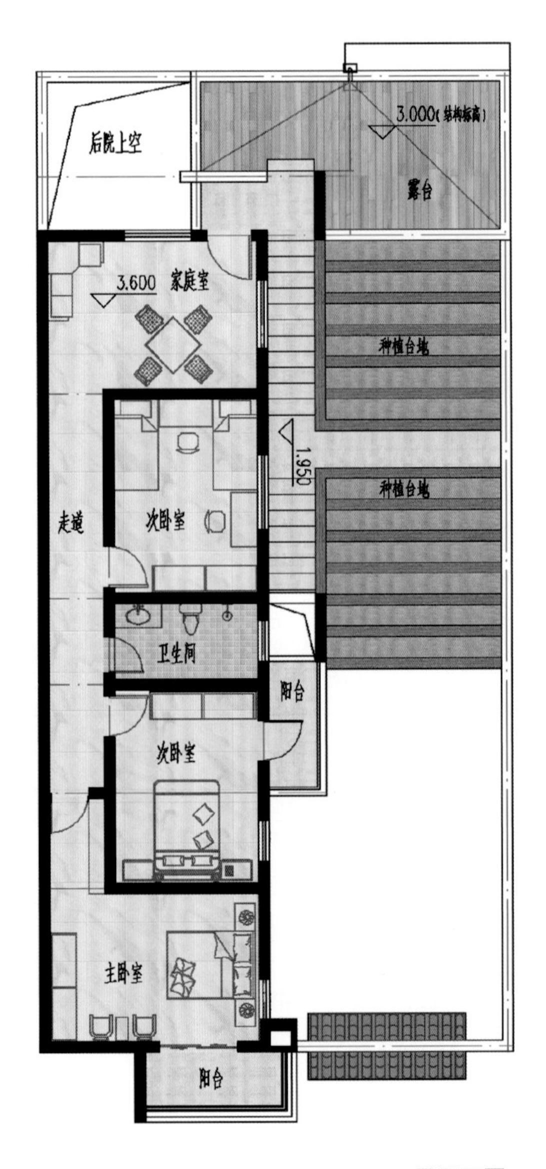

二层平面图

透视图 1

透视图 2

柞水县紫晏山居

项目地点：商洛市柞水县
建筑功能：休闲酒店
设计时间：2018 年
设计阶段：方案设计
用地面积：17 700 m^2
建筑面积：6 893 m^2

助理建筑师：王锋伟 田晨阳

透视图 1

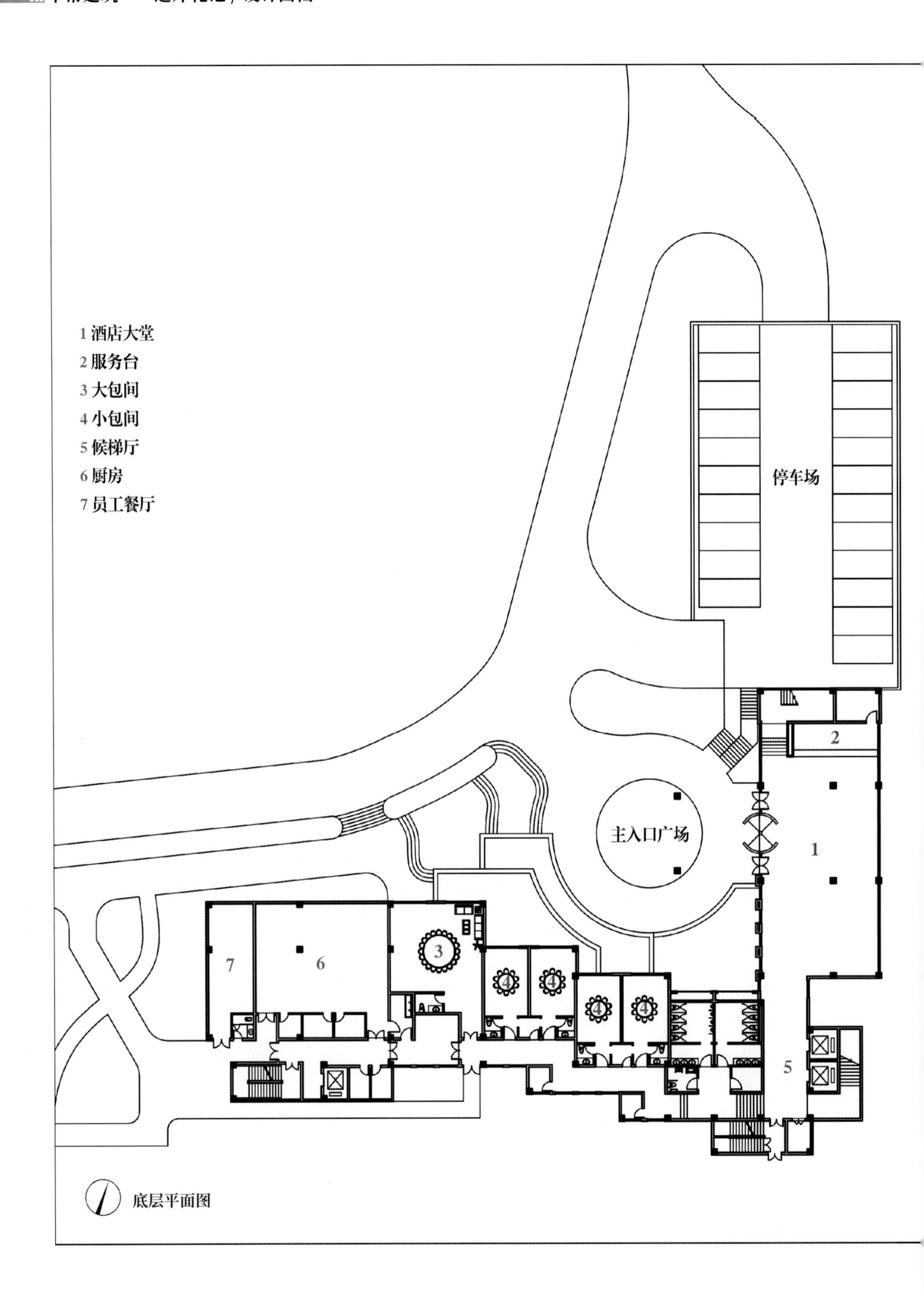

底层平面图

透视图 2

鸟瞰图

紫晏山居
ZIYANSHANJU RESORT HOTEL

透视图 3

青峰别业

项目地点：宝鸡市太白县
建筑功能：别墅
设计时间：2018 年
设计阶段：方案设计
用地面积：2 551 m²
建筑面积：688 m²

助理建筑师：王锋伟

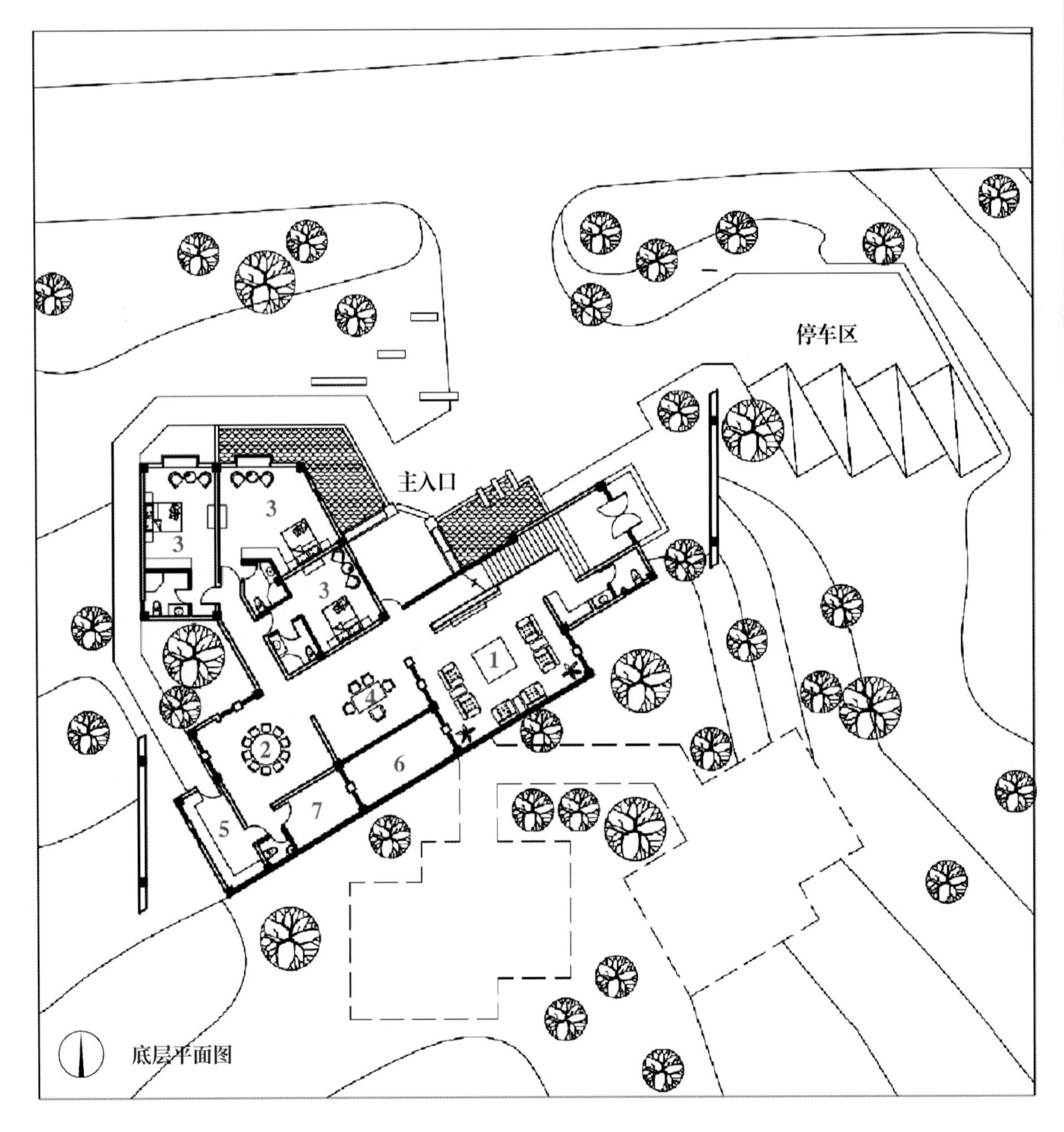

1 客厅
2 餐厅
3 卧室
4 茶室
5 厨房
6 天井
7 保姆室

鸟瞰图 1

总平面图

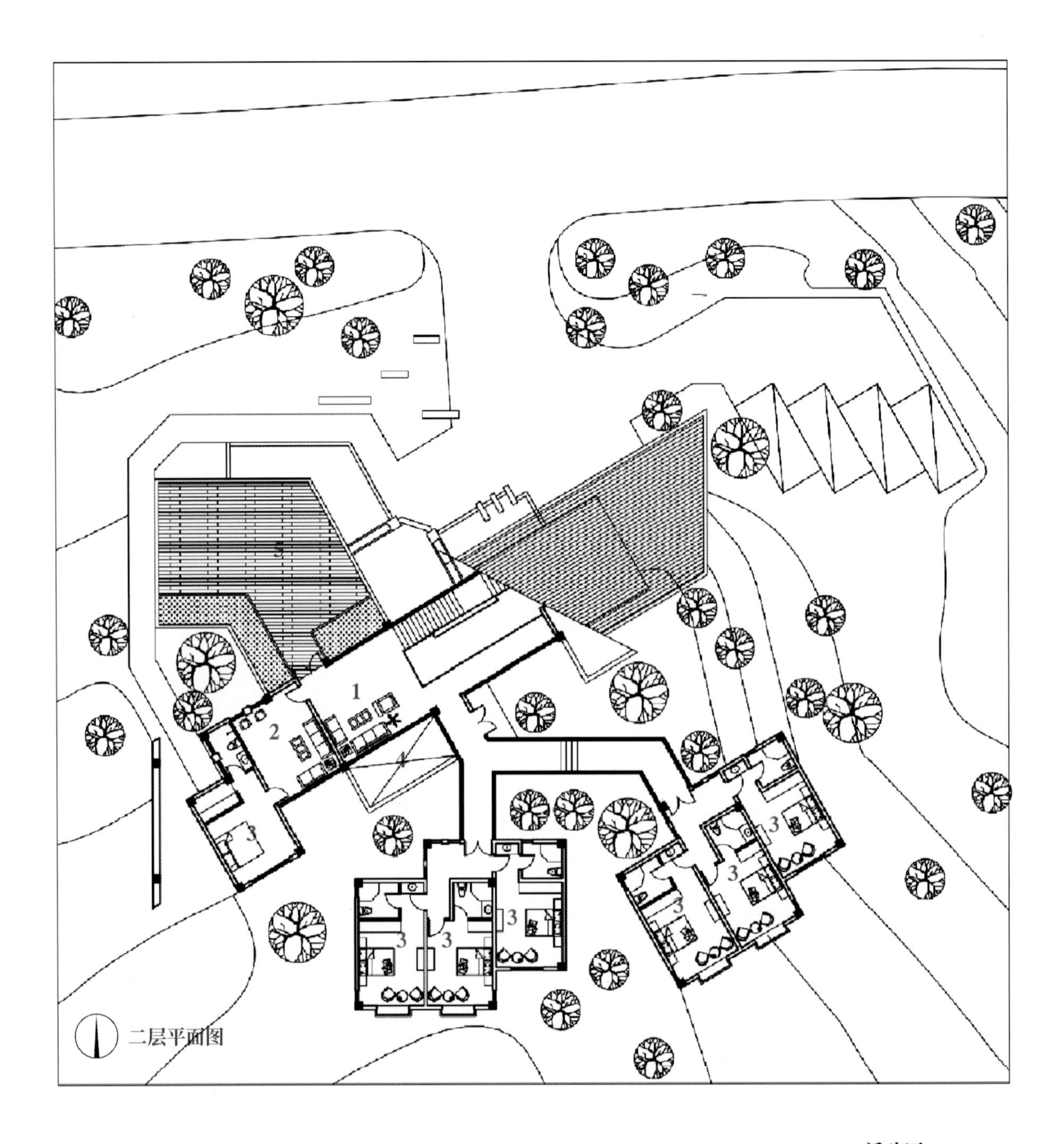

1 活动厅
2 起居厅
3 卧室
4 天井上空
5 屋顶平台

透视图

鸟瞰图 2

平常建筑

ORDINARY ARCHITECTURE

西安钻石广场

西安神电高新基

广州富信广场

西安荣华凯鑫国际大厦

西安
神电电器沣京工业园
2023
2013

筑梦

平常建筑

筑　梦

建筑人生

筑梦

筑梦，建筑之梦。班门之志，大匠精诚。技艺巧工，唯实唯精。构建未来，筑梦天下。

建筑一梦系平生

从总建筑师到建筑师

城里　城外　城中——2021年岁末感言

▶ 筑梦 / 建筑人生

建筑一梦系平生

只能永远把艰辛的劳动看作生命的必要，即使没有收获的指望，也心平气静地继续耕种。

——路遥

献身建筑犹如成为一个僧侣，你必须奉献自己，怀抱忠诚并虔心付出。作为回报，建筑将给予那些全力的奉献以最大的幸福。

——柯布西耶

从信念上讲，这个世界上最感动我的人群莫过于青藏高原上孤独、虔诚的朝圣者，他们一旦许愿，便会不惧艰辛，不畏高寒，风餐露宿，匍匐长拜，向着心中的圣地前行。信念的力量使他们最终战胜了苦难，也战胜了自己。他们的人生目标在远方，在地平线上。

人在一生中其实有三个家园：地界家园，在现实此岸的生存家园；天界家园，在心灵彼岸的灵魂家园；心界家园，在理想思岸的精神家园。他们锁定的那道地平线，既是这三个家园的分界线，又是这三个家园的融接点。从他们身上你会感悟到信仰和梦想是一种力量，是启动心灵的不竭的源泉；你也会懂得彼岸，或者说梦想，是一种心灵召唤，它会唤醒你生命深处坚毅的力量。人人都有梦想，但能否为此坚持和奋斗，则是对其精神、灵魂和人格的检验。

我的家乡在陕西西府的扶风县白龙村，那一带因在县域北部的原上，又被称为“周原”，被公认风水宝地。作为西周文化的发祥地和法门古寺的所在地，其素有“周礼之乡”“佛骨圣地”的美誉。我的祖辈世居于此，事农为业。20 世纪 50 年代后期，我的父亲被建工部第五工程局二团招为建筑工人（在宝鸡），因工作努力又有文化被升为劳资员，后来因国家经济发展放缓，返乡待业。回到村上后，父亲先是做会计，后又当村主任、村党支部书记，干了近 30 年，一直到 20 世纪 90 年代初才退下来。乡里乡亲都尊称父亲为老书记。

1970 年，我 7 岁，开始在村东头的小学上学。那时的农村条件艰苦，尚未通电，照明全靠油灯，没有课桌，我只能在土坯垒砌的台子上写字。1973 年升四年级后，我转到了马庙学校，才有了简易的木桌，在这里继续读书一直到 1978 年初中毕业。那一年我以全乡第一名的成绩考入扶风县扶风高中。在我儿时的印象里，除了贫穷还是贫穷，土布衣、杂粮馍、煤油灯是我童年最深刻的记忆，吃饱饭是那时最大的愿望。由于家里穷，我们兄弟几人竟没有一张书桌，作业都是在屋里的炕边和灶台上写完的。乡村教师中不乏智者，他们的言传身教给了我成长的正能量，其中李彦俊、赵周科、葛智祥等老师至今令我心存感念。

我小时候喜欢画画，家里的土墙上到处都是我的涂鸦。大概在 1973 年，扶风县文化馆的美术专干徐小昆先生下乡时，发现了我的爱好和美术天赋。后来得知，徐先生原为西安美术学院的老师，“文革”时到扶风，改革开放后他重回西安美术学院，任版画系主任直到退休。徐先生专攻油画，长以素描，被学界公认。徐先生当时建议父亲要重视培养我的绘画才能。到了寒暑假期，我便向他习画，虽说是正规训练，但总是断断续续，平时主要还是在校学习，以文化课为主。待到我上扶风高中后，徐先生了解到我文化课成绩也很好，便建议我学习建筑学，这时我才知道建筑学不仅是盖房子那么简单，它是一门涉及人文、理工、艺术的大学科。从此我便在心中种下了梦想的种子——做一名建筑师。

1978 年，我到扶风高中就读，全班同学都是在全县范围内招录的尖子生，个个聪明伶俐。当时“文革”刚结束，大家都信奉“学好数理化，走遍天下都不怕”，同学大都偏向理科，喜欢文科的不多，唯独我迷恋绘画，在同学中间确实有点另类，甚至在报考志愿时，老师都觉得建筑学有些“土气”，并不看好。高中的各科老师都是刚返岗的教学名师，人品好，水平高，对我们关爱有加。同学们勤奋好学，刻苦努力，后来都成为各个行业的精英。我读高中的那两年，物资匮乏，生活艰辛，记忆最为深刻的是回家背馍。到了周末，母亲总是提前准备好够吃一周的干粮、咸菜和辣椒，为了省钱，我总是步行两个多小时回家，每周往返，现在想起来常唏嘘不已。农村生活实在不易，能吃“商品粮”当“公家人”也成了我们这代人的梦想，对于这些，1990 年后出生的人或许会有些不解。

梦想是美好的，但现实往往不皆尽人意。1980 年我参加高考意外失利，成绩距录取分数线仅差 2 分，家里还有弟妹们待供读书，经济情况不容我复读。在父亲的坚持下，我只能选择放弃复读，被递录到西北建筑工程学院读专科。虽说学的是工民建专业，但和建筑学总还有着千丝万缕的联系，值得庆幸的是，在房建老师的引荐下，我结识了建筑系的刘世忠教授、刘静文教授夫妇。在向两位教授学习的过程中，他们发现我的基础和特长更宜学建筑学，便力主我调转到建筑系学习，为此几经努力、多方联调，但因学籍等诸多问题无法解决，最后未果。不过他们的行为使我深受感动和鼓舞，也更加坚定了自己的理想信念。在校期间，两位教授在专业上的教诲以及在学术上的引导使我终身受益。

1983 年毕业后，我未能如愿进入设计单位，被分配到陕西省第二建筑工程公司，这也是父亲曾经工作过的单位。我先在铜川新川水泥厂改造扩建工地实习，当钢筋工，而后做见习技术员，半年后又调到公司总部做宣传工作。现实与理想似乎越来越远，但我依然坚持梦想，从未放弃。1984 年我在参加陕西建筑工程总公司（现陕西建工集团）工作检查时，利用间歇时间在西安的旅舍画图，参加全国中小学设计竞赛，巧遇陕西省建筑设计研究院（以下简称“省院”）赵威烈建筑师。他了解情况后把我推荐给程坚德总建筑师，经考察交流同意我调入省院，其间曹巧云和万人选两位主任也有意调我去宝鸡市建筑设计室工作，为此费尽周折，在此过程中虽经陕西省第二建筑工程公司周同礼、王德玉两位热心同事反复找公司领导陈情，结果也都是不予调出。

1985 年春节过后，刘世忠教授、刘静文教授夫妇带毕业班学生到西安市建筑设计院开展联合毕业设计。其间他们向高晓基院长推荐了我，并说了我遇到的困难。当时正值西安市出台相关政策大力引进专业技术人才，高院长惜才是用，同意我入职西安市建筑设计院。鉴于原单位的态度，按常规调入几无可能，他们便决定按引进人才的方式办理，相关手续以待后补。我便辞去在陕西省第二建筑工程公司的工作，于 1985 年 3 月中旬到西安市建筑设计院暂以劳务派遣的形式入职，从此跨进了建筑设计行业的大门。工作虽是始见光明，但因学历未达到相关政策的要求，正式入职流程难以推进，我以非编制内员工的身份在当时的体制下遭遇了种种困难，也就有了去武汉城市建设学院任教的短暂经历。一直到 6 年后的 1991 年，问题终得以解决。

新的环境，新的工作，新的生活，一切都重新开始。从一名普通的技术员做起，在一批经验丰富、能力较强的建筑师的指导下，我开始了自己建筑设计的职业生涯，从助理建筑师到建筑师，从主任建筑师到分院总建筑师，从院专业总建筑师到院副总建筑师，一路走过，慢慢成长，不断进步。2011 年底，经员工推荐、专家评议、集团考核，我被西安建工集团聘任为西安市建筑设计院技术总负责人——总建筑师。30 多年来我心怀梦想，坚守信念，努力工作，逐渐得到了业界同行的关注和认可。也正因为有梦想，才有了坚守，因为有坚守，才有了实现梦想的机缘，直到今天尽管青丝染霜，我仍在坚持，行在路上……

从 1985 年到 1991 年，我作为西安市建筑设计院最基层的设计人和制图人，在曹止善、赵慧中、丁志良等各位建筑师的带领下，在“老一室”工作了将近 6 年。在此之前我对建筑设计仅仅是爱好，而正式的学习是从此时开始的。在他们的指导下，我先后参加了厦门莲花新村，安康大桥饭店，西安动物园熊猫馆、金丝猴馆，西安松园，哈萨克斯坦阿拉木图酒店，宝鸡火车站广场，陕西人保大厦等项目的设计工作。从一个住宅厨房的基本空间单元开始认知空间、理解建筑、了解设计，解析功能与形式的关系、空间与流线的关系、建筑与场地的关系、单体与群体的关系……通过大量的工程实践，我的专业水平得到了较快的提升。1992 年，我主持设计的东新大厦方案在设计竞赛中获得了第一名，算是对过去 6 年的工作交了一份满意的答卷。

1994 年初，我带领入职不到 2 年的李献军，南下广西创办西安市建筑设计院北海分院，在近一年的工作中，虽然不辞辛苦、竭尽全力，在北海市第七中学、钦港商务宾馆、钦港中山纪念铜像基座环境艺术设计中先后中标，但因房地产虚热消退，建筑市场低迷不振，效益也就不理想。1995 年当我改任西安市建筑设计院厦门分院院长并准备赴任时，西安市建筑设计院在广州接洽的项目刚落实，选人组建团队时，丁志良院长力排众议，任用我为广州分部的负责人和项目设计总工程师。我带领 20 多人的团队，在广州富信广场项目的设计上前后工作了 5 年，付出了艰辛的劳动，同时我的专业能力、管理能力和协同能力也得到了锤炼。这个经历成为我职业生涯中最重要的节点。但遗憾的是，广州富信广场项目在主体和外部装饰完成后烂尾，多年后由其他公司接盘并重新改造，一直到 2014 年才正式竣工，却是旧颜已改。

广州富信广场项目作为大型综合性高层城市综合开发项目，规模较大，难度较大。在设计前期，设计团队集思广益做了多种方案，但各方都不甚满意。我尝试以顺应场地、整合功能、应因环境的统筹策略以达成目标，初步方案得到了广州市城市规划局林兆璋先生的充分肯定。但是，要把设计方案落实并完成施工图，并不容易。当年我 30 岁出头，尚无主持这种高难度项目的技术和管理经验，面对巨大的压力也只能迎难而上。在设计报建及技术设计准备的档期，我反复对相关设计规范，包括结构、机电专业的基本规范进行了研习再研习，同时深度考察、参观学习，在此基础上制作了统一的技术措施设计作业要求及运营管理方法，保证了设计的顺利完成。在工作中，我和建设方的王建元先生结为忘年之交，和施工方肖和胜先生成为知心朋友。

进入 21 世纪，设计院改革设计运行机制，探索以建筑师为主体的事务所模式。我和田民强、李献军合作成立了原创建筑工作室。我们通力合作，各负其责，共同努力，坚守专业精神，追求适宜表达，以统筹协同、适应合宜、多优均衡为执业准则，为客户提供高水平、高质量、高完成度的专业技术服务。在 20 多年的设计实践中，我们相继完成了西安理工大学教学主楼、西北农林科技大学科研主楼、神州数码西安科技园、西安凯鑫国际大厦、西安阳光酒店、西安华阳大厦、宝钛家园——宝钛职工住宅小区、西安 EE 康城、鄠邑西宸府、宝鸡综合保税区办公楼、铜川新区道上太阳城、西北工业集团居住小区、西安神电电器研发生产基地等大中型工程项目的设计，得到了用户的赞誉。这些项目也获得了业界的肯定，并大都获奖，为设计院赢得了市场信誉。

2011 年起，我作为西安市建筑设计院总建筑师，负责全院的设计质量、技术创新、设计创优管理工作。在国家倡导“高质量发展”的语境下，对设计质量的管控关键是加强技术验证，推动落实设计文件的三级校审，在此基础上对运行的质量管理体系进行优化和整合，并对质量管理体系文件的流程设置和作业规定制定技术质量管理实施细则，其中突出以项目为载体、以评审为焦点、以验证为重点的实操性导引，实现作业管理和质量管理之间的协同，厘清了目标、任务和权责，使质量管理走上循序的正常轨道；同时编制技术创新、设计创优行动方案，建立全要素创新协同机制并付诸实施，技术质量管理工作取得了长足进步，西安市建筑设计院也成功入选陕西省高新技术企业和陕西省文化产业“十百千”工程骨干型文化企业。

作为20世纪80年代中期进入设计行业的人，我的职业生涯伴随着国家改革开放的步伐，参与并助推了城乡建设和城乡发展。30多年来，随着经济的高速发展，中国的城镇化率从改革开放初期的18%提高到现在的60%多。从计划经济到市场经济，经济体制的变革使社会形态呈现出愈来愈复杂的多元化状态。在全球化、信息化的时代，各类思潮叠加碰撞，多种价值解构重估，不同秩序交叉共存，建筑的复杂性、矛盾性、多元性和不定性都在不断影响着建筑师对建筑学的深度思考。今天的城市马路更宽、广场更大、楼宇更高、夜景更绚，但同时也存在交通拥堵、水系浑浊、空气污染和文脉断层等问题。作为建筑师，在融入生活、拥抱时代的同时，更应批判性地反思并坚守建筑学的核心价值。建筑师不单是建筑的设计者，还应成为构建社会价值体系的推动者。

建筑设计业作为服务性行业，在满足业主利益的前提下体现建筑自身的价值。作为建筑师，所要思考的是在诸多利益冲突中如何为人服务？如何为公共利益考虑？如何为人文和生态环境负责？这既是建筑师核心的价值观，也是职业道德的底线。在当今社会多元互渗的复杂语境下，众多理念、观点、主义等“形而上”思潮陆离交错，市场的强大影响力使得“审美决定论”成为一种风尚，而涉及功能的合理性、交通的便捷性、材料的适宜性、技术的可行性以及环境的可持续性等这些“形而下”的真正关乎建筑品质的基本问题却常常被忽视。在这些乱象中，对建筑学的守本归元或才是实现超越的正确途径。回归本原、回归本土、回归中间无疑是最为合宜的选择。

回归不是以狭义的技术面层来界定建筑师的思想空间，而是作为建筑师共同的价值取向，支撑建筑核心价值的原点。回归本原即孟建民大师所提出的“本原设计”的理念，以全方位的人文关怀为核心，实现建筑服务于人的目标，在建筑设计中重视健康、效率、人文，而绝不仅仅是形式，并把人本的设计理念贯穿在细节当中。回归本土即崔愷大师所倡导的“本土设计”思想，以亲和的态度而非外显的形式使建筑植根于本土环境，文化为“体”，技术为“用”，在环境、文化、空间三个层次上使建筑融入环境、深入生活、注入本色。回归中间即以统筹性的中间之道，在建筑的功能与形式之间、个性与群体之间、技术与艺术之间、物化与文化之间、城市与环境之间等找到适宜性的中间答案，在关注生态观、经济观、科技观、社会观、文化观的基础上，强调“时间”“空间”“人间”的三位一体，即中国传统观念中的“天地人和”。

建筑设计并不需要什么高深的理论，其最终要回归建筑学的本原。这个时代需要大师，更需要恪守职业操守的执业建筑师。作为一名设计一线的执业建筑师，我的工作重心并不是追求所谓的原创，而是关注建筑设计的影响因子，并从中发现潜在的内在联系，并找到适宜性的解决方案。我致力于解决功能布局合理、交通流线顺畅、建筑造型美观、建筑材料适宜、建筑构造精巧、节能措施得当、施工工艺简单、工程造价经济、维护运营方便等一系列最基本的问题。我在方案设计和技术设计之间、在各个专业协同协作之间、在建设方和施工方之间，有坚持，也有妥协，有收获，也有遗憾。我在大量的工程设计中，在反复争论、不断磨合、退让融通中得到了历练，也积累了经验，提高了能力。这种看似匠人般应有的匠心则是我在职业生涯中所获得的宝贵财富。

40 年前，我作为一名非建筑学专业的专科生，心怀梦想跨进建筑设计领域的大门，从一个普通的技术员成长为设计院总建筑师，这一切均源于我对建筑师这份职业的向往和热爱。成长的路上有曲折，也有坚持，有奉献，也有收获。作为一个平凡世界中的平常人，我所取得的所有成绩都是我和我的合作者及设计团队共同努力的结果，也是我个人对理想、信念和坚守的最好回报。我们共同绘制的蓝图矗立在城市中，有我们劳动的汗水，也有我们燃烧的激情，我们也从中享受着人生的快乐。尽管这些作品如同我们这些普通人一样普通，在城市中也不是绚丽的风景线，但它们却构成了城市的背景和底色，成为城市整体的一部分。

建筑一梦系平生，也只不过是一个平常人之非常梦的正面叙事。这个看似充满正能量的励志篇，也仅可算作作者成长、成熟、成败的编年大事记，其中或还有无法言传的隐舍，是真实的我，也是不真实的我。人生如梦，幸亏还有梦，要不活着无趣，还有什么意义？纵观历史，无数所谓风起云涌的大时代，终归只是一场以天地为棋盘，以万物为刍狗的大游戏，毕竟英雄为王。就如同城市中的建筑，地标总是少数的，大多数永远是那些被淹没在街道之中的平常建筑，它们的存在证明我作为一个建筑师也曾经笑过、哭过、醉过，生活中流过的汗水都渗在建筑的基底里。

路漫漫其修远兮，
吾将上下而求索……
求索中还会有天问。
仰望天空，生之漫漫，几度夕阳。
感谢时代！
感谢西安！
感谢自己！

▶ **筑梦** / 建筑人生

从总建筑师到建筑师

2021 年 12 月 8 日，在我担任西安市建筑设计院总建筑师一职整整 10 年后，我正式向西安市建筑设计研究院有限公司递交辞呈，辞去总建筑师、副总经理的职务，卸下担子，重新回到一个普通建筑师的状态。以下是辞职报告，原文照登。

辞 职 报 告

尊敬的 刘　炜书　记
　　　　李哲义董事长
　　　　李　谊总经理大鉴：

呈 交 西安市建筑设计研究院有限公司人力资源部
　　　转西安建工集团人力资源部暨岳凯歌总经理

呈 报 西安建工集团党委

我于 2011 年 12 月被西安建工集团聘任为西安市建筑设计院总建筑师，至今已届满 10 年。2020 年下半年我已向西安市建筑设计院李哲义董事长、李谊总经理和建工集团人力资源部岳凯歌总经理表达了拟于今年年底前辞去总建筑师、副总经理一职的意愿，并就离职前的工作交接陈述了自己的想法。1 年多来设计院亦循此做出了相应的安排，为实现平稳过渡奠定了基础。当前设计院正处于落实西安建工集团加强党委在企业生产经营工作中的主导地位、深化改革的重要时期，作为一个在设计院从业近 40 年的老员工，对西安建工集团的重大决策坚决拥护，对设计院的整顿改革大力支持，并在总建筑师的岗位上积极参与其中，尽职尽责，保障设计工作的正常秩序，同时针对技术质量管控可能存在的潜在问题，尽余力完成相关基于堵漏补缺式的实操性基础建设工作，以期为继任者创造良好的工作条件。现在设计院各项工作在机构调整后趋安行稳，渐入正常运行轨道，本人经慎重考虑，正式向各位领导及西安建工集团请辞，卸任西安市建筑设计研究院有限公司总建筑师、副总经理的职务（包括作为技术主管在设计院相关组织机构担任的职务），结束本人在岗位上的各项工作。

以下是对此决定的说明：

我之请辞非关待遇问题，亦非人事相处的困扰，更非逃避责任之私念，而是为设计院发展和自身健康所计做出的审慎决定。

10 年来，我在设计院几任主要领导的带领下，与领导班子的各位高管团结协作，在自己分管的技术领域，修业自持、专心竭力，恪尽己任，但随着年龄的增大，高强度的工作使身体严重透支，体质机能下降，体力和精力已不如从前，唯恐工作难从心遂愿，而有负众望贻误设计院发展。本人作为设计院专司设计质量和技术创新工作的主管，10 年的工作经历已实属不短，设计质量作为设计院各项工作中的重中之重，容不得有任何疏漏，自己长期专注于此难免形成思维定式，其潜在的影响或会在决策中呈现出稳健的保守。现在正值设计院改革发展的关键时期，急需年富力强的智识、有为者接续而行，担当更大的使命，与境相发、应机以力、举纲图实而推动设计院创新式发展。窃以为从设计院的长远发展和自己健康考虑，最好的选择乃是主动请辞。

我 1985 年入职设计院至今已有 36 年，从 2011 年起担任总建筑师亦有 10 年，建筑设计的职业生涯全部在设计院度过，到明年底行将退休。从一名普通技术员逐步晋升为设计院技术总负责人、总建筑师，虽经自身不懈努力，但也离不开设计院的滋养，更有赖于集团公司的提携。设计院是我职业生涯的福地，也是我初心安放的家园，更是我实现理想的平台，我的人生已与设计院融为一体，无法分割。10 年来，我作为总建筑师，在西安建工集团的正确引领下，在广大员工的热情支持下，聚焦工程质量、设计创优、技术创新的主题，在行业发展转型的艰难时期，殚精竭虑，尽全力推动夯实质量基础、提高创优水平、增强创新赋能等各项工作的开展，工作虽已竭尽绵薄，但不敢奢谈成绩，只求无愧于心。我深知，设计院的发展所遭遇的瓶颈和困境非一时一事之因，确为长期积弊使然，在国家高速发展的黄金时期未能依势合行而积蓄能量，在转型期也就缺失了应对的资本。好在有西安建工集团作为强大的后盾，着力推动设计院整顿改革，输血止跌。在设计院党委领导下，通过转变作风、提升服务、引育人才、强化管理、促进创新、激励营销等多方面的协同联动，并在搞活运营机制的同时，整合资源、统筹智源，集合全院的专业能力进行技术把控，严格坚守质量红线，强力落实技术监管，待以再造公平、公正的设计平台而恢复适应现代设计企业特点的造血功能，实现其跨越式并可持续发展的宏伟目标。作为设计院一名老员工，我对此满怀期望，我也坚信设计院在后来者竭力尽责、全力以赴、接力前行的路上一定会有诗和远方！

此报告将同时呈交西安市建筑设计院和西安建工集团人力资源部并请报西安建工集团党委，以待批准，并配合建工集团和设计院按规定履行相关手续。

衷心感谢西安建工集团对我的信任和帮助，感谢卫勃总裁对我的抬爱和重用，感谢设计院领导对我的关怀和理解，感谢设计院员工对我的支持和包容。我深知自己的工作与西安建工集团的要求和同人的期冀尚存差距，对此一直心怀忐忑，深感不安。十年的总建筑师阅历是本人弥足珍贵的人生经验，虽然以请辞卸任，但我对设计院的真挚情感和对建筑学的专业情怀，已刻骨铭心、矢志不渝……

谨此报告，恳请批准！
并致以最深沉的敬意！
祈愿西安建工集团及西安市建筑设计院事业通达！

杨筱平
2021 年 12 月 8 日

自己的总建筑师生涯终于可以画上句号了。10 年间的所作所为都有待于岁月的沉淀，经过大浪淘沙后方能显现出其本原的价值，是错是对，一切都交于时间。

从总建筑师到建筑师，对我来说，不是退步而是回归，回到自己原来喜欢的工作状态，继续做一个以设计为主的执业建筑师，让工作、生活和心境重获自由。其实这也是我一直向往的，因为兴趣依然，也从未放弃梦想。

建筑设计的成果往往取决于建筑师的生活状态和工作态度。许多成功的建筑师，大多拥有一种平和、自然、达观的心境，在平淡或繁杂中能捕捉到旁人不易察觉的细节、逻辑和美感，并创作出好的作品，这说明设计的最高境界还是有赖于心灵的释放。只有热爱生活，真正地体验生活，才能发现生活之所需，发现生活之美，才能创造出真正体现生活的好作品。只有满怀强烈的社会责任感，才能关注到社会发展中所要面对的低收入人群问题、环境保护问题、公共服务问题等。这样建筑才能真正融入生活、融入环境、融入社会，否则就很难创造出具有生命活力的建筑。同时建筑设计需要理性分析和情感表达，提出命题并不断求证，而不是工厂化的流水线作业，这就要求建筑师对设计怀有热情，并以科学严谨的工作态度进行缜密的思考，大胆假设，以实现目标。

理想很丰满，现实很骨感。从总建筑师到建筑师，归途中依然会面对矛盾与困惑。梦想或许无法照进现实，绝望没有用，只能再行动。在谈理想、情怀、艺术的同时，要学会为了生活忍辱负重，接受现实，在现实中妥协，在妥协中改变，在改变中超越。如果信念坚定、目标清晰、方案合理，妥协可能是退一步为了进两步，从而使主要目标得以实现，这或许是最为现实的选择。总之，要成为一名建筑师，就必须异于常人，不走寻常路。

想想此生此世，有谁容易？

继续……

城里 城外 城中

——2021 年岁末感言

2021 年 12 月 14 日，我参加完住房城乡建设部组织的注册建筑师工作会议后从济南返程，因与同日入境西安的某航班在咸阳机场“时空伴随”，于 15 日居家隔离，16 天后解除居家隔离时已是 2021 年的最后一天。此时西安市仍处在“封城”状态，但 2022 年在空寂中已悄然来临。两年前暴发的疫情在 2021 年的岁末又不幸在西安扩散，使这座古城被迫又一次按下了暂停键。祈愿疫情早日过去，再现昔日的繁华。

城市作为最具代表性的创造物，几乎承载了人类文明和社会生活的全部内容，由于经历了上千年的演进变革，其生命机体的属性特征日趋显著。人有生老病死，城市也在经历兴衰荣辱、用进废退、更新增长等发展过程。人通过遗传基因传递生命的密码，城市通过场所精神保持文化的传承，社会的变革、历史的演进都在作为生活载体的城市中留下故事。

西安作为历史文化古都，从悠远的历史中一路走来，经历早期先民的渔耕牧歌，周礼王城的鼎立天下，大秦帝国的一统伟业，汉城宫阙的壮丽重威，大唐盛世的无上荣光，成为中国历史进程中最为重要的文化标识地之一。从韩建新城到洪武明城，无论是宋京兆府，还是元安西路……，褪尽帝都繁华的西安依然延续着城市的生命节律。

在近代，西安如同进入暮年的老者，背负着厚重的历史文化，面对风云变幻的社会环境尽显失落。城市经过不同时期的空间营造、累积融合、叠加衍生形成的历史层，既是城市的文脉基因，又是城市发展更新的基础。当代西安作为西部地区重要的中心城市，沿循历史文脉，在西部大开发战略和“一带一路”倡议的背景下得到了快速发展，城市规模进一步扩大，基础设施进一步完善，城市环境进一步提升。

在后疫情时代，西安因疫情而停下脚步虽然只是一次暂时停摆，但无疑也是一次大考。城市在高速发展中所沉积的问题和短板必将在疫情防控中显现出来，城市治理能力、城市服务水平、城市发展韧性自然会接受检验，其结果终会促使各方进行反思，借此为未来发展提供补缺纠错的机会。城市作为生活场所的意义不应被经济总量、人口数量、规模增量的宏大叙事和华丽建筑图景的光环所遮蔽。

城市不是神圣的宫殿，不是英雄的舞台，也不是资本的领域，而是人们的家园。城市终要回归聚落空间的基本内涵，使人的日常生活得到真实的关切。西安作为千年古都，历史不是其炫耀的资本，而应关注文化的持续生命力。人作为城市的主角、生活作为城市的基本内容应深入城市的每个角落。城市正是在衣、食、住、行、游、购、娱的日常生活中展开，延续着历史，述说着当下。

我和西安这座城市的第一次近距离接触是在 1974 年，当时我 11 岁，之前我从未离开过扶风县的农村。那年春节，我随舅舅来到西安，当火车驶过北门时，高大雄伟的箭楼带来的震撼至今令我难以忘怀。6 年后我到这里读书，毕业 2 年后我辞去公职又回来追逐梦想。从 1985 年春天以临聘人员身份入职位于东南城角的西安市建筑设计院至今已过去近 40 年，其间我虽曾去武汉、北海、广州等地短暂工作过，但主要的生活和工作始终未离开西安和西安市建筑设计院。

建筑师作为我终身热爱的职业，缘于少年时师从徐小昆先生学画时他给我的指点，为此虽几经周折但终未放弃。建筑设计使我与城市、与西安结下了不解之缘，它既是我的工作也是我的生活，同时也为我的人生平添了靓丽的色彩。沉浸其中，虽时有困惑、痛苦，但更多的是快乐和幸福。在西安的城墙脚下，在这个市属老院、大院，从普通的设计人员到设计院的总建筑师，一路走来，岁月蹉跎，青丝霜染，恍然如梦。

作为建筑师，伴随着国家改革开放的步伐，在城市高速发展的过程中，我有幸以建设者的身份参与其中，见证和助推了城市的更新和变化。这无疑是人生的荣光和职业的荣耀，但所经历的困难也考验着我的韧性，其中的艰辛和心酸又有谁能知？从计划经济到市场经济，建筑师就像挥动长矛的堂吉诃德，努力地坚守建筑的本原、坚持技术的底线。

10 年前我被聘任为西安市建筑设计院总建筑师，作为设计院的技术总负责人，是全院技术的引领者和管理者，重担在肩，责任在心。我深知，一个设计企业只有以质量赢得尊重、以创新赢得价值、以特色赢得市场、以服务赢得信誉才能筑牢自己的根基，没有捷径。10 年来围绕质量和创新，无论是设计观念的重塑、技术系统的建构，还是管理体系的提升、运行机制的优化等皆因此使然，希望这个老院渐入现代设计企业的新途。没有好坏，只求适宜。

在一个新的时代，设计企业的发展规划需要与国家的发展方向紧密结合，加强基础学科研究、前沿专业探索和关键技术突破，发挥市场需求、集成创新、组织平台的作用，同时强化作为出题者的优势，加快构建各创新主体相互协同的创新联合体，发展高效强大的共性技术供给体系。单一而孤立的发展已无法适应这个巨变的时代。同时还应看到，经济和科技的迅猛发展并没有带来设计文化的同步提升，设计企业依然任重道远。

日新月异，唯一不变的或就是变化本身，所谓“不忘初心，方得始终”，总有一些东西是需要坚守的，于我而言不变的是一个建筑师的初心。 从少年励志到行将退休，做一名优秀的建筑师一直是我的梦想，这些年从建筑师到总建筑师、从设计者到管理者，我的岗位在不断地变化，而不断地适应新的角色也似乎成了新常态，但我初心依旧。重新回归建筑师的本职缘于我对建筑设计工作的热爱，对建筑设计理念的坚守，对建筑设计品质的坚持。

钱钟书先生所写的小说《围城》，通过故事揭示了人的生活状态: 围在城里的人想逃出来，城外的人想冲进去，人生大都如此。城市作为人的生活空间，城里、城外都关联着人的日常。城墙的东南脚下曾是唐代的平康坊，西安市建筑设计院从 1952 年在此立院，至今已有 70 年历史，我在这里也工作了近 40 年，如果把设计院看作一座城，我则始终在城里，尽管中间有多次可以离开的机会，但我仍旧选择了留下，我与西安和设计院已无法分开。

当下，城域的概念其实已越来越模糊，城里城外、入城出城都是生活的常态，城在物理范畴上已在融合、开放、共享的一体化语境中失去意义，城里城外都是城，出出进进也只是人的行为在时空中留下的轨迹。我们每一个人无论在城里还是在城外，其实都在城中，无论是入城还是出城，都在创造着生命的价值。作为一名建筑师，在这个历史悠久的古都，在这个日新月异的时代，我经历着入场、出场、下场，但都一直在场，也必须在场！

2022 年，新年的钟声即将敲响，时下疫情仍在西安蔓延，希望春信可唤醒万物复苏的活力，消除笼罩在城中的瘟霾。疫情绵延至今，没有哪一个地区能够幸免，从某种意义上讲，整个世界都在和疫情做斗争。好在思想的激荡不必受制于地理界限，即使不得不安放于一隅，只要你心有微澜，仍可随时抬头仰望星空，听朔北的风，沐江南的雨，观中秋的月，看寒冬的雪，回归初心，重操旧业，在图板前或是电脑前与同道、老友海阔天空地讨论不知深浅的话题。

想一想，生活是如此沉重、如此艰辛，而生命又是如此单薄、如此脆弱，何不让日常丰盈起来，温暖如春。浩渺的世间，也许最好的方式莫过于卸载减负，轻装前进，无问西东，与己为伍，放眼远方。“已是悬崖百丈冰，犹有花枝俏。”花信已传梅，春风必应律，我们有理由重树生活的信心并重塑专业的信念。“我的城市因我没有变差，而是变得更伟大、更好、更美丽。” 这是古雅典的年轻人准备成为公民时的誓言，也应该成为我们作为建筑师终生坚守的誓言。

谨以此文致敬西安这座千年古都，这座伟大的城市！

2021 年 12 月

附　录

1. 社会任职

全国工程建设标准设计专家委员会委员
全国注册建筑师管理委员会技术专家
中国勘察设计协会技术专家
中国建筑学会建筑师分会理事
中国建筑学会注册建筑师分会理事
全国优秀勘察设计行业奖评审专家
中国勘察设计协会传统建筑分会专家委员会专家
陕西省住房城乡建设科学技术委员会勘察设计专业委员会委员
陕西省土木建筑学会建筑师分会副理事长
陕西省优秀工程设计奖评审专家
陕西省消防技术专家库专家
陕西省工程建筑标准及标准设计专家委员会专家
陕西省文化场馆建设专家工作委员会委员
陕西省土木建筑学会医疗与康养建筑专业委员会委员
陕西省土木建筑学会装配式建筑专业委员会委员
陕西省房地产业协会专业技术委员会委员
西安市规划委员会委员
西安市勘察设计协会建筑技术专家库专家

2. 社会荣誉

1989 年　陕西省优秀毕业生
1993 年　西安市青年突击手
1995 年　全国自学成才奖
2005 年　陕西省首届优秀勘察设计师
2013 年　全国设计行业杰出贡献人物
2019 年　陕西省土木建筑科学技术奖优秀总工程师奖
2020 年　中国中西部地区土木建筑杰出工程师（建筑师）

3. 获奖工程设计

1）1993 年，宝鸡火车站广场工程 , 获建设部优秀工程设计（行业奖）表扬奖
2）1993 年，宝鸡火车站广场工程 , 获陕西省优秀工程设计一等奖
3）2008 年，西北农林科技大学科研主楼 , 获陕西省优秀工程设计一等奖
4）2013 年，神州数码西安研发办公楼、员工公寓 , 获陕西省优秀工程设计一等奖
5）2016 年，半边房 / 陕西关中新农宅方案设计 , 获陕西省优秀工程设计专项一等奖
6）2017 年，神州数码西安科技园 , 获陕西省优秀工程设计一等奖
7）2020 年，西咸新区空港新城保税区事务服务办理中心 , 获陕西省优秀工程设计一等奖
8）1999 年，西安市松园工程 , 获陕西省优秀工程设计二等奖
9）2005 年，西安凯鑫国际大厦 , 获陕西省优秀工程设计二等奖
10）2005 年，西安理工大学教学主楼 , 获陕西省优秀工程设计二等奖
11）2008 年，西安钻石广场 , 获陕西省优秀工程设计二等奖
12）2011 年，西安华阳大厦 , 获陕西省优秀工程设计二等奖
13）2015 年，陕西交通集团商洛高速公路宿办楼及配楼 , 获陕西省优秀工程设计二等奖
14）2015 年，杨凌海伦国际幼儿园 , 获陕西省优秀工程设计二等奖
15）2016 年，凤翔县柳林高中方案设计 , 获陕西省优秀工程设计专项一等奖
16）2005 年，空军工程大学丰庆路高层住宅楼，获陕西省优秀工程设计三等奖
17）2008 年，长庆石油陕西勘探开发基地高层住宅楼 , 获陕西省优秀工程设计三等奖
18）2008 年，明珠新家园延炼西安基地高层住宅楼 , 获陕西省优秀工程设计三等奖
19）2011 年，西安市人民检察院北二环住宅楼 , 获陕西省优秀工程设计三等奖
20）2013 年，宝钛家园—宝钛职工住宅小区 , 获陕西省优秀工程设计三等奖
21）2014 年，长安上都—复合型主题产业园规划及方案设计，获金拱奖建筑设计金奖
22）2015 年，铜川新区汽车客运总站方案设计 , 获金拱奖建筑设计金奖
23）2015 年，凤翔县酒文化商业街方案设计 , 获金拱奖建筑设计金奖

4. 获奖技术成果

1）1991 年，《传统的困境与文化的误区：后现代在中国的悲喜剧于我们的启示》
同济大学 / 时代建筑论文竞赛提名奖
2）2015 年，《陕西省停车场（库）设置及交通设计现状与发展调研报告》
第五届西安科技调研成果奖，二等奖
3）《住宅产业现代化发展调研报告》
第五届西安科技调研成果奖，二等奖
4）2019 年，EDEE 宜顶工业化装配式屋面系统
第六次陕西省绿色建筑产业科技创新成果，优秀成果一等奖
5）2019 年，低温辐射电热棒供暖系统
第六次陕西省绿色建筑产业科技创新成果，优秀成果一等奖
6）2019 年，改性无机粉复合建筑饰面片材应用技术
第六次陕西省绿色建筑产业科技创新成果，优秀成果二等奖
7）2019 年，《西安城殇 关于当代西安城市建筑的批评》
第三届全国建筑评论学术研讨会，优秀论文奖
8）2020 年，EDEE 宜顶工业化装配式屋面系统技术研究
陕西省土木建筑科学技术奖，一等奖
9）2020 年，改性无机粉复合建筑饰面片材应用技术
陕西省土木建筑科学技术奖，二等奖
10）2020 年，西咸空港综合保税区事务服务办理中心工程设计及施工关键技术研究
陕西省土木建筑科学技术奖，二等奖

5. 学术论著

1）《文心匠意 杨筱平建筑文论选集》
陕西科学技术出版社，2022
2）《大道归元 当代本土建筑建构的多元论》
《华中建筑》(ISSN1003-739X CN42-1228/TU), 2020（3）

3）《改性无机粉复合建筑饰面片材应用技术研究 》

2020 中国建筑学会年会入选论文 , 2020.10, 深圳

4）《西安城殇 关于当代西安城市建筑的批评》

第三届全国建筑评论学术研讨会，2019.12, 海口

5）《融合生长 大学校园空间整合改造的原则和策略》

《建筑设计管理》(ISSN1673-1093 CN21-1311/TU), 2019(11)

6）《对文旅名义下乡村再造的反思》

2018 第十七次建筑与文化国际学术讨论会，2018.09, 包头

7）《移动互联时代体验式商业综合体文化价值的挖掘》

2017 第十六次建筑与文化国际学术讨论会，2017.09, 苏州

8）《综合保税区的功能空间布局与发展策略》

《建筑设计管理》(ISSN1673-1093 CN21-1311/TU), 2017(9)

9）《基于项目负责人质量终身责任制下建筑设计质量管理的强化措施和管控要点》

《建筑设计管理》(ISSN1673-1093 CN21-1311/TU), 2017(6)

10）《新常态下行业变局中建筑设计企业的发展策略》

《建筑设计管理》(ISSN1673-1093 CN21-1311/TU), 2016(9)

11）《中小设计企业 BIM 技术应用的实施策略》

《建筑与环境》(ISSN 1819-6217), 2016(3)

12）《开发 设计 施工一体化大型建工企业技术中心的组建和管理》

《建筑设计管理》(ISSN1673-1093 CN21-1311/TU), 2016(4)

13）《中小设计企业 BIM 技术应用的实施策略》

《建筑与环境》(ISSN1819-6217), 2016(3)

14）《天地人和 绿色建筑的核心价值观》

2016 第十五次建筑与文化国际学术讨论会，2016.11，成都

15）《城市复合型主体产业园的设计策略》

《建筑与文化论集》(第十四卷)，中国建筑工业出版社，2014

16）《文化的自信与文化的自卑 西安城市与建筑的“被文化”现象解析》

2012 全国第十三次建筑与文化学术讨论会，2012.11, 合肥

17）《 历史文化语境下当代西安城市建筑的失度表现》
首届国际建筑师论坛，2012.12, 宁波
18）《传承·发展·超越》
《建筑与文化论集》(第八卷)，机械工业出版社，2006
19）《沿循文脉 继承创新 与时俱进》
《历史城市与历史建筑保护国际学术讨论会议论文集》，湖南大学出版社，2005
20）《西北农林科技大学科研主楼》
《建筑创作》(ISSN1004-8537 CN11-3161/TU), 2005(9)
21）《心潮海韵——广州富信广场理念阐释》
《华中建筑》(ISSN1003-739X CN42-1228/TU), 1998(2)
22）《钦港宾馆设计》
《华中建筑》(ISSN1003-739X CN42-1228/TU), 1997(1)
23）《商丘供电局高层公寓设计》
《华中建筑》(ISSN1003-739X CN42-1228/TU), 1997(2)
24）《北海金淳大厦设计》
《南方建筑》(ISSN1000-0232 CN44-1263/TU) 1996(3)
25）《西安的城市之脉》
《规划师》(ISSN1006-0022 CN45-1210/TU), 1996(2)
26）《从虚到实——北海太极花园方案》
《时代建筑》(ISSN1005-684X CN31-1359/TU), 1996(4)
27）《书法与建筑》
1991 年全国第二次建筑与文化学术讨论会
28）《世纪交替之际的西部建筑 当代西部建筑回顾与展望》
《西北建筑工程学院学报》(ISSN1001-7569 CN61-1195/TU), 1992(2)
29）《两极震荡中的多元互渗——对 80 年代中国建筑文化的反思》
《时代建筑》(ISSN1005-684X CN31-1359/TU), 1991(4)
30）《传统的困境与文化的误区 后现代在中国的悲喜剧于我们的启示》
全国第二次建筑评论学术研讨会，1991.3, 四川德阳

31）《 西部建筑文化的建构》
《西北建筑工程学院学报》(ISSN1001-7569 CN61-1195/TU), 1990(3，4)

32）《铜柱公园文化广场的意象》
《南方建筑》(ISSN1000-0232 CN44-1263/TU), 1990(2)

33）《王村古镇聚落环境分析》
《华中建筑》(ISSN1003-739X CN42-1228/TU), 1990(1)

34）《走向环境艺术》
《南方建筑》(ISSN1000-0232 CN44-1263/TU), 1989(1)

35）《回归与超越 新时期建筑“现代导向”的困境》
《华中建筑》(ISSN1003-739X CN42-1228/TU), 1989(3)

36）《中西差别何在？ 中西文化与建筑比较述略》
《华中建筑》(ISSN1003-739X CN42-1228/TU), 1989(2)

37）《建筑艺术中的空筐结构》
《新建筑》(ISSN1000-3959 CN42-1155/TU), 1989(2)

38）《立足环境作文章 评惠济饭店客房楼》
《新建筑》(ISSN1000-3959 CN42-1155/TU), 1989(1)

39）《对建筑个性的思考》
《南方建筑》(ISSN1000-0232 CN44-1263/TU) , 1989(1)

40）《陕西建筑的困境及出路》
《陕西建筑》(ISSN1552-7964)，1989(1)

41）《新建筑运动为何未在中国发生？》
全国第二次近代建筑史学术研讨会，1988.4, 武汉

42）《论杨廷宝》
全国第一次建筑评论学术研讨会，1987.3, 浙江东阳
《南方建筑》(ISSN1000-0232 CN44-1263/TU), 1988(1)

43）《建筑空间的蒙太奇》
《南方建筑》(ISSN1000-0232 CN44-1263/TU), 1987(4)

6. 技术标准

1）《建筑与小区雨水利用技术规程》
2014，地方标准，主要编写人
2）《陕西省停车场（库）设置及交通设计技术规范》
2017，地方标准，主要编写人
3）《水性橡胶高分子复合防水材料应用技术规程》
2019，团体标准，主要编写人
4）《低温辐射电热供暖系统应用技术规程》
2019，地方标准，技术负责人
5）《陕西省建筑防火设计、审查、验收疑难问题技术指南》
2020，地方标准，主要编写人
6）《电动汽车库及电动自行车库设计防火规范》
2021，地方标准，主要编写人
7）《再生骨料混凝土复合自保温砌块墙体应用技术规程》
2021，地方标准，主要编写人
8）《晶硅光伏与压型钢板装配式屋面系统技术规程》
2021，地方标准，主要编写人
9）《晶硅光伏与压型钢板一体化构件系统应用技术规程》
2022，团体标准，主要编写人
10）《复合预铺防水卷材应用技术规程》
2022，团体标准，主要编写人
11）《居住建筑节能设计标准》
2022，地方标准，主要编写人

7. 标准设计

1）《改性无机粉复合建筑饰面片材应用构造图集》
2019，陕西省标准设计，主编
2）《低温辐射电热供暖系统设计与安装图集》
2020，陕西省标准设计，技术负责人
3）《建筑防水构造（一）》
2020，陕西省标准设计，主编
4）《再生骨料混凝土复合自保温砌块墙体构造图集》
2021，陕西省标准设计，主要编制人
5）《UVS 保温装饰复合板外墙保温系统图集》
2021，陕西省标准设计，主要编制人

6）《注浆抹面复合保温材料外墙外保温系统构造图集》
2021，陕西省标准设计，技术负责人

8. 技术专利

1）设有地下室顶板室外地面或者屋面的变形缝排水构造
2019，实用新型技术专利
2）一种混凝土保温幕墙的横缝构造
2019，实用新型技术专利
3）一种装配式混凝土建筑外挂墙板拼装竖缝构造
2019，实用新型技术专利
4）一种装配式混凝土建筑外墙挂板的横缝构造
2019，实用新型技术专利
5）一种装配式混凝土建筑预制外墙连接构造
2019，实用新型技术专利
6）一种 MCM 饰面材料用于空调板处的构造
2020，实用新型技术专利
7）一种 MCM 饰面材料用于既有建筑旧墙面改造的构造
2020，实用新型技术专利
8）一种 MCM 饰面材料的基本构造
2020，实用新型技术专利
9）一种 MCM 装饰保温一体板的外墙构造
2020，实用新型技术专利
10）一种 MCM 饰面材料的外墙分缝构造
2020，实用新型技术专利
11）一种低温辐射电热棒供暖系统
2020，实用新型技术专利
12）一种地面低温辐射电热棒采暖构造
2021，实用新型技术专利
13）一种潮湿地面低温辐射电热棒采暖构造
2021，实用新型技术专利
14）一种墙面低温辐射电热棒采暖构造
2021，实用新型技术专利
15）一种棚面低温辐射电热棒采暖构造
2021，实用新型技术专利

跋 / 将建筑进行到底

18 世纪的德国著名诗人席勒说过“要忠实于你年轻时的梦想”，用现在的话说就是：人总要有梦想的，万一实现了呢？可我常说的是：我的梦想是建筑……

小时候，我只知道房子就是建筑，建筑就是房子。直到 1973 年，我 10 岁时才从学画画的美术老师那里听说建筑不只是房子，还是艺术，从此我便有了一个当建筑师的梦想，这在那个年代还多少有点另类。忠于这个梦想，立志、学习、奋斗，悄然已过去 50 年，而我作为一名建筑师的职业生涯也已有近 40 个春秋。“青春在图板上悄悄溜走，黑发在线条中慢慢变白，红颜在墨水中渐渐消失。蓦然回首，黄昏已近，只余夕阳红……”这首老一辈建筑师自嘲的打油诗，对现在的建筑师同样适用。大师毕竟是极少数的，一名普通建筑师少有标志性的作品，他们的作品大都是作为城市背景的平常建筑，它们构成了这个城市的底色，承载着老百姓的寻常生活。在岁月的磨砺中，人们少有梦想成真的快乐，更多的是“蒹葭苍苍”的秋凉。想想建筑师的梦想，好像并没有年少时憧憬的那么辉煌。

说建筑是一份“苦其心志”的工作，算是对自己的激励，毕竟“天将降大任于斯人也，必先苦其心志，劳其筋骨，饿其体肤，空乏其身，行拂乱其所为，所以动心忍性，曾益其所不能”。虽不至于“饿其体肤”，但建筑设计确实是一个不太能用价格来衡量价值的行当，其最大的磨炼不在于体，而在于心。说它辛苦，是因为人们常常觉得建筑师的付出和收入不对等，有时候还不得不为每月的房贷月供精打细算。

建筑设计不可速成。在当下高速发展的社会中，设计周期已被大大压缩，但成本高、周期长依然是其不可避免的属性。就算对工作流程和设计手法再熟练，从前期调研、分析预判、方案创作，到技术定案、专业集成、细节优化、成果表达，这些环节不能省略，也很难一蹴而就，中间更免不了犹豫、纠结、推翻、反复。建筑师必须跟自己博弈，在无数次心如乱麻、身心俱疲的时刻靠意志、初心和责任来振作精神。

建筑设计费力劳神。建筑师不是一个高薪、清闲、小资的“高大上”职业。加过的班、熬过的夜、褪不去的黑眼圈以及写满贴条的备忘录，似乎更能说明建筑师的工作状态。享乐的场所是你规划的，但你不曾享受。豪宅是你设计的，却不是你的家。酒店是你策划的，你却不曾住过。说起工作带来的享受，或许只有在创作过程中某一瞬间灵感来袭时的愉悦。

建筑设计无法复制。它不像一件商品，只要按着模板就能批量生产。面对一个新的建筑项目，建筑师要设身处地地为它通盘考虑，考虑它的功能、形态、运营……这也就导致了它的高投入、高成本。每个设计都是在地定制，无法如同流水线一般大批量、标准化地复制，在这其中建筑师付出的心血鲜为人知。

建筑设计没有终点。它不像一道数学题，逻辑清楚，答案唯一，解出几就是几。它也不是是非题，非是即非。它是一道开放式问答题，根本没有标准答案。只要你还想“精雕”，就永远没有尽头，没有终点，这可能会带给你无限自由，也可能让你陷入泥潭无法自拔。所以建筑师既在对未知的探索中如痴如醉，又在无目的地的探险中精疲力竭。建筑设计这份不断求解却无标准答案的工作，的确是没有最好，只求更好！

建筑设计让人痴迷。它的魅力就在于，你明知辛苦，却忍不住为它付出。即便会遭遇设计行业的寒冬、设计过程的折磨、劳动与薪酬的不对等，还依然有那么多在年轻时怀抱理想的同道人在这条道路上前赴后继、革新求变而无怨无悔。他们和我一样怀着同样的梦想，从而让我相信，强大、纯粹的意志力是支撑我们的源动力。设计工作虽然少有“实”的慰藉，却也不乏“虚”的享受！

建筑之梦，犹若白日，我们在逐梦过程中获得不断前行的能量。40 年的努力和奋斗，我收获的是一张张融入汗水的建筑设计图纸，有的已建成，有的仍留在纸上。作为建筑师，本职工作虽是设计，但在多重因素的影响下，设计的实现度却被大打折扣，建筑不可能完全还原设计表达所呈现的效果，所以还是莫谈成果，而图纸也就成了建筑之梦的最好注脚。我在，图在，设计在，而建筑却是在也不在。梦想依然，涛声依旧。

建筑之梦，似乎虚幻，但它的迷人之处同样在于其较难以实现。既然如此，那就写一本书来证明梦的存在，也算是梦想成真。这本《平常建筑——运斤札记 / 设计图档》作为我职业生涯的文案图档，其主要作用只是立此存照，并以此致敬我当年所向往的建筑梦。在我奋斗的路上，还有一批同路人在人生旅途中给了我无私的帮助和热情的关照，我们在工作和专业交流中建立了友谊，包括赵元超、冯正功、王兴田、李建广、刘小平、孙西京、李岳岩、梁晓光、李子萍、安军、刘谞、倪欣、田策、姚惠、许楗、李昊、郭景、李铮……真所谓“德不孤，必有邻”，是他们的鼓励、关心和抬爱给了我坚持的力量和坚守的信念，在此衷心地感谢他们。

人常说，前悔容易后悔难。早知道 40 年来为梦想殚精竭虑，职业之路如此艰难，日常生活如此艰辛，或许应该放弃这个建筑梦而改做其他，当如清代沈复那样做个雅士，书香盈案，诗酒流连，借松风以烹嘉茗，听竹雨而读诗书；寄情山水，归隐林泉，颐情田园，登楼台极目天地，听琴声赏邀明月，岂不乐乎快哉。想想或仅是想想罢了，大概也不会是花枝春满、天晴月圆，好梦只有留给下辈子了。这辈子幸好还有夫人和女儿，同为建筑人，她们的理解、关怀和支持，使我在人生行旅中并不会感到孤独。

中国古代的儒家先哲说过：智者不惑，仁者不忧，勇者不惧。在这个不断变化的时代，唯有乐天知命、心怀善意，才能风轻云淡、举重若轻，从而遵从初心，抵制冲动，放弃消极的念头，回归平常，超越极端，坚守中道，追求理性，把自己想做、能做的事做好。还是那句话，“要忠实于你年轻时的梦想”，继续做个有信念的合格建筑师，将建筑进行到底……

致 谢

《平常建筑——运斤札记 / 设计图档》是笔者在近 40 年建筑师职业生涯中对学术思考和工程实践的总结。在过去的工作中，单位领导、业内同人、学界朋友给予了本人鼎力支持和热情关怀，本书的编写、编辑与出版也得到了很多热心人的帮助。在此对所有支持本人事业、关心本书出版的同人表示衷心的感谢。

感谢赵元超设计大师、冯正功设计大师以及刘谞先生对本书的悉心加持，他们拨冗为这本略显浅薄的书籍执笔作序是对我的鼓励，并不吝抬爱，溢美有加，本人愧不敢当。他们的序文和若春风、精彩纷呈，也着实丰富了本书的主题色彩，提升了本书的专业价值和学术水准。

感谢西北建筑工程学院（现长安大学）建筑教育的开拓者刘世忠教授和刘静文教授夫妇，武汉城市建设学院（现华中科技大学）城市规划、风景园林学科的创建者金笠铭教授和艾定增教授，他们慧眼识才，唯才是举，在专业启蒙、学科认知、能力培养、学术提升等方面的教导使我终身受益。

感谢西安市建筑设计院原院长高晓基、丁志良，原总建筑师曹止善、巫积良、陆小勤，原副总建筑师赵慧中，他们在我职业生涯的各个阶段都给予了我大力支持。特别是曹止善总建筑师为我授业解惑，在设计工作中给予我广博的学术导引，使我接受扎实的专业训练。丁志良院长知人善用，启任我担纲广州富信广场项目的设计总工程师，使我在实践中锤炼了意志，提升了专业能力。这些都为我后来作为总建筑师主持全院的技术管理工作打下了坚实的基础。

感谢原创建筑工作室的合伙人田民强、李献军，自 1992 年开始，我们在一起合作共事，至今已有 30 年，书中所收录的设计项目大部分都是我们各尽其责、通力合作共同完成的。还有田静、钟卫民、尹伟强、王亚洲、马振周、李武宁等各专业的合作者和当年曾在广州和我一起共事的“黄埔系”同事，包括在我担任总建筑师期间配合协助我工作的设计院技术质量部的张欧、马国库、仝冕等几位部长，以及西安市建筑设计院李谊董事长和曾红、李忠全、康振军专业总建筑师，陕西中海建工程设计院有限公司高福兵总裁，我们志同道合，在工作中建立了深厚的友谊。

感谢我的“知心大哥”西安神电电器有限公司（以下简称神电电器）总裁叶德平，他经营的企业在国内外高压电器行业，成绩斐然。在其企业一次次的建设扩容中，我以朋友和建筑师的身份参与其中。在他那里，我是主角，他当配角，在设计中他给了我充分的自由度和试错包容度。这种信任和尊重使我有机会在神电电器的每一个项目设计中都进行一些新的尝试，他对我的支持、关怀和鼓励重树了我的专业信念。我们在逾 40 年的交往中建立了亲如兄弟般的情谊，他是我人生旅途中知遇的贵人。

感谢天津大学出版社韩振平先生在本书的选题、立项、出版等方面给予的支持。感谢朱玉红、邱爽等编辑在编审及排版过程中付出的辛勤劳动。他们为本书的付梓，在工作中所体现出的认真扎实的工作作风、严谨缜密的职业精神，以及富有智识的专业水平值得称赞。

感谢任永杰先生对书中运斤札记文稿的校阅，在行文的遣词用语和据典论证等方面提出了很多好的建议，其严谨的学术作风令我敬佩。感谢王锋伟、魏丽红等在资料收集、文件整理、图文编排等方面所给予的协助，他们的热情使我深受感动。

此外，我要特别感谢我的家人。我的父母、弟弟、妹妹，他们在精神上给了我强有力的支持，我在工作中和学术上取得任何一点成绩他们都会感到非常骄傲，他们的鼓励强化了我坚守的信心。我的夫人熊王桦同作为建筑师，给予我太多的理解、关爱和帮助，她是本书的第一个校读者和点评者，这本书也凝聚着她的心血。我的女儿杨椰蓁女承父业，也同样选择了建筑学，在工作中恪尽职守、努力上进，使我深受鼓舞，也备感欣慰。在这本书编写的后期，5 月 20 日我外孙女彭兮瑶降生，给了我期待已久的惊喜，同时也使我感受到生命生生不息的张力和美好。我会继续努力，将成果和快乐分享给每一个人。

在工作和生活中，有太多的人向我提供了无私的帮助，包括 30 多年来在设计中遇见的各位业主、一起工作的各位同事，以及给予我鼓励的各位友人，恕我无法一一列举，至此申谢，并把《平常建筑——运斤札记 / 设计图档》献给他们！

2022 年 6 月于西安

鸣 谢

西安建工集团有限公司
西安市建筑设计研究院有限公司
原创建筑设计工作室
长安大学建筑学院
全国注册建筑师管理委员会
中国建筑学会建筑师分会
中国建筑学会注册建筑师分会
中国勘察设计协会建筑设计分会
中国勘察设计协会传统建筑分会
陕西省住房城乡建设科学技术委员会
陕西省土木建筑学会
西安市规划委员会
陕西省土木建筑学会建筑师分会
陕西省勘察设计协会
神州数码科技园有限公司
西安神电电器有限公司
广州富信置业有限公司
西安理工大学
西北农林科技大学
西安科技大学高新学院
西安荣华集团有限公司
西北工业集团有限公司
陕西中海建工程设计有限公司
北京东方雨虹防水科技有限公司
广东福美集团
陕西固美新材料有限公司
西安箭翎文化传播有限责任公司
西安江涛数字科技有限责任公司
天津大学出版社
陕西科学技术出版社
《时代建筑》编辑部
《华中建筑》编辑部
《南方建筑》编辑部
《建筑创作》编辑部
《建筑设计管理》编辑部

图书在版编目（C I P）数据

平常建筑 : 运斤札记　设计图档 / 杨筱平著 . --
天津 : 天津大学出版社 , 2022.9
ISBN 978-7-5618-7309-0

Ⅰ . ①平… Ⅱ . ①杨… Ⅲ . ①建筑学－文集②建筑设
计－作品集－中国－现代 Ⅳ . ① TU-53 ② TU206

中国版本图书馆 CIP 数据核字 (2022) 第 164307 号

PINGCHANG JIANZHU ——YUNJIN ZHAJI / SHEJI TUDANG

出版发行　天津大学出版社
地　　址　天津市卫津路 92 号天津大学内（邮编：300072）
电　　话　发行部：022-27403647
网　　址　www.tjupress.com.cn
印　　刷　北京盛通印刷股份有限公司
经　　销　全国各地新华书店
开　　本　889 x 1194　1/16
印　　张　18
字　　数　200 千
版　　次　2022 年 9 月第 1 版
印　　次　2022 年 9 月第 1 次
定　　价　198.00 元